U0332239

区域环境气象系列丛书

丛书主编：许小峰

丛书副主编：丁一汇　郝吉明　王体健　柴发合

贵州环境气象研究

宋　丹　白　慧　夏晓玲　等著

内容简介

本书是关于贵州空气质量和空气污染气象条件相关基础研究和示范应用的一本专著。主要介绍了贵州环境气象和气候特征、雾的特征、空气污染的气象条件、环境气象预报及业务系统等方面的研究进展。基于"环境+气象"多源观测资料，着重介绍了空气污染的大气环流特征及天气概念模型，探讨了空气质量与气象要素的关系，包括它们之间的相关性、降水对污染的清除作用、污染过程气象因子的垂直结构和重污染的探空分析等，构建了污染天气典型个例库，并重点介绍了环境气象预报业务体系的建设内容，涵盖空气质量指数、主要污染物浓度和空气污染气象条件等预报方法及应用示范情况。本书是一部集理论性、实践性和科学性于一体的学术著作，对于推动贵州环境气象研究与应用的发展具有重要意义，可供大气环境和气象领域的科研、教学和业务工作者阅读及参考。

图书在版编目（CIP）数据

贵州环境气象研究 / 宋丹等著. -- 北京 : 气象出版社, 2024. 12. --（区域环境气象系列丛书 / 许小峰主编）. -- ISBN 978-7-5029-8359-8

Ⅰ. X16

中国国家版本馆 CIP 数据核字第 202460YF56 号

贵州环境气象研究

Guizhou Huanjing Qixiang Yanjiu

出版发行：气象出版社

地　　址：北京市海淀区中关村南大街 46 号　**邮政编码**：100081

电　　话：010-68407112(总编室)　010-68408042(发行部)

网　　址：http://www.qxcbs.com　**E-mail**：qxcbs@cma.gov.cn

责任编辑：王萃萃　**终　　审**：张　斌

责任校对：张硕杰　**责任技编**：赵相宁

封面设计：博雅锦

印　　刷：北京建宏印刷有限公司

开　　本：787 mm×1092 mm　1/16　**印　　张**：9.5

字　　数：240 千字

版　　次：2024 年 12 月第 1 版　**印　　次**：2024 年 12 月第 1 次印刷

定　　价：90.00 元

贵州环境气象研究

著者名单

宋 丹 白 慧 夏晓玲 王 烁
尚媛媛 杨龙誉 廖 瑶 李 浪
王冉熙 陈静怡 唐延婧 罗喜平
冀丹妮 陈 蕾 牛迪宇 金凡琦
廖 波 周明飞 徐大红 王 强

丛书前言

打赢蓝天保卫战是全面建成小康社会、满足人民对高质量美好生活的需求、社会经济高质量发展和建设美丽中国的必然要求。当前，我国京津冀及周边、长三角、珠三角、汾渭平原、成渝地区等重点区域环境治理工作仍处于关键期，大范围持续性雾/霾天气仍时有发生，区域性复合型大气污染问题依然严重，解决大气污染问题任务十分艰巨。对区域环境气象预报预测和应急联动等热点科学问题进行全面研究，总结气象及相关部门参与大气污染治理气象保障服务的经验教训，支持国家环境气象业务服务能力和水平的提升，可为重点区域大气污染防控与治理提供重要科技支撑，为各级政府和相关部门统筹决策、适时适地对污染物排放实行总量控制，助推国家生态文明建设具有重要的现实意义。

面对这一重大科技需求，气象出版社组织策划了“区域环境气象系列丛书”（以下简称“丛书”）的编写。丛书着重阐述了重点区域大气污染防治的最新环境气象研究成果，系统阐释了区域环境气象预报新理论、新技术和新方法；揭示了区域重污染天气过程的天气气候成因；详细介绍了环境气象预报预测预警最新方法、精细化数值预报技术、预报模式模型系统构建、预报结果检验和评估成果、重污染天气预报预警典型实例及联防联动重大服务等代表性成果。整体内容兼顾了学科发展的前沿性和业务服务领域的实用性，不仅能为相关科技、业务人员理论学习提供有益的参考，也可为气象、环保等专业部门认识和防治大气污染提供有效的技术方法，为政府相关部门统筹兼顾、系统谋划、精准施策提供科学依据，解决环境治理面临的突出问题，从而推进绿色、环保和可持续发展，助力国家生态文明建设。

丛书内容系统全面、覆盖面广，主要涵盖京津冀及周边、长三角、珠三角区域以及东北、西北、中部和西南地区大气环境治理问题。丛书编写工作是在相关省（自治区、直辖市）气象局和环境部门科技人员及相关院所的全力支持下，在气象出版社的协调组织下，以及各分册编委会精心组织落实下完成的，凝聚了各方面的辛勤付出和智慧奉献。

丛书邀请中国工程院丁一汇院士（国家气候中心）和郝吉明院士（清华大学）、知名大气污染防治专家王体健教授（南京大学）和柴发合研究员（中国环境科学研究院）作为副主编，他们都是在气象和环境领域造诣很高的专家，为保证丛书的学术价值和严谨性做出了重要贡献；分册编写团队集合了环境气象预报、科研、业务一线专家约 260 人，涵盖各区域环境气象科技创新团队带头人和环境气象首席预报员，体现了较高的学术和实践水平。

丛书得到中国工程院院士徐祥德(中国气象科学研究院)和中国科学院院士张人禾(复旦大学)的推荐,第一期(8册)已正式列入2020年国家出版基金资助项目,这是对丛书出版价值和科学价值的极大肯定。丛书的组织策划得到中国气象局领导的关心指导和气象出版社领导多方协调,多位环境气象专家为丛书的内容出谋划策。丛书编辑团队在组织策划、框架搭建、基金申报和编辑出版方面贡献了力量。在此,一并表示衷心感谢!

丛书编写出版涉及的基础资料数据量和统计汇集量都很大,参与编写人员众多,组织协调工作有相当难度,是一项复杂的系统工程,加上协调管理经验不足,书中难免存在一些缺陷,衷心希望广大读者批评指正。

许小峰

2020年6月

许小峰,正高级工程师,博士生导师,中国气象局原副局长,现任中国气象事业发展咨询委员会常务副主任。

本书前言

在浩瀚的自然环境中，气象与环境的相互作用构成了地球生态系统复杂而微妙的平衡。贵州，这片位于中国西南部的高原山地，以其独特的地理环境、丰富的自然资源和多样的气候条件而闻名。然而，随着经济社会的发展，环境问题日益凸显，尤其是空气污染问题，已成为影响人民生活质量、制约可持续发展的关键因素之一。因此，深入研究贵州的环境空气质量和污染特征，探索其与气象条件之间的关系，对于科学指导环境保护、提升空气质量预报和环境气象服务能力具有至关重要的意义。

本书旨在全面系统地梳理和呈现贵州环境气象领域的研究成果与实践经验，书中深入探讨了多个关键方面，包括空气质量和空气污染的特征、大气气溶胶分布特征、大气污染物来源、雾的特征以及空气污染大气环流特征等。特别地，本书详细分析了空气质量与气象要素的相关性、气象因子的垂直结构和降水对污染的清除作用等核心问题。在此基础上，创新性地基于环境和气象监测数据，运用多种方法，分季节建立了环境气象系列要素的预报模型，包括空气质量指数预报模型、主要污染物浓度预报模型和空气污染气象条件预报模型。同时，本书还开展了预报模型与模式产品的对比检验，以确保模型的准确性和可靠性。这些研究不仅增进了我们对空气污染形成机制的理解，也为环境气象系列要素的预报开展和污染防控提供了理论基础和技术支撑。此外，本书还基于以上研究建设完成环境气象预报业务系统，并开展示范应用。书中还构建了污染天气典型个例库，收录了多个具有代表性的污染案例，为相关业务科研人员和教育工作者提供了宝贵的教学与研究素材。

本书主要集成了贵州省科技支撑计划项目（黔科合支撑〔2018〕2779）、中国气象局预报员专项（CMAYBY2016-064）、贵州省气象局气象科技开放研究基金项目（黔气科合 KF〔2015〕04 号）和贵州省气象局登记制项目（黔气科登〔2021〕05-02 号）等项目的研究成果，共分为 6 章，包括：第 1 章，贵州环境气象气候背景，主要介绍贵州天气气候特征、空气质量特征、大气污染物来源解析和大气气溶胶时空分布特征等；第 2 章，贵州雾的特征，主要介绍贵州雾的分类及其时空变化、气象要素和环流特征；第 3 章，贵州空气污染气象条件分析，主要介绍空气质量指数与气象要素的相关性、降水对污染的清除作用，以及空气污染的大气环流和气象因子的垂直结构特征；第 4 章，贵州环境气象预报研究，主要介绍主要污染物浓度预报、空气质量指数预报和空气污染气象条件预报方法；第 5 章，贵州环境气象预报业务系统，主要介绍基于业务需求和环境气象预报关键技术集成的一体化业务系统的基本功能、框架结构和模块内容等；第 6 章，污染天气典型个例库，主要介绍 24 个污染天气个例的地面和高空形势分析。主要作者包括：宋丹、白慧、夏晓玲、王烁、尚媛媛、杨龙誉、廖瑶、李浪、王冉熙、陈静怡、唐延婧、罗喜平、冀丹妮、陈蕾、牛迪宇、金凡琦、廖波、周明飞、徐大红、王强。宋丹负责本书的总体框架设计，白慧、夏晓玲、王烁、尚媛媛统稿。

本书的完成历时将近六年，在此特别感谢气象出版社的鼓励和帮助，使得本书入选"区域环境气象系列丛书"，并能在有效时间内顺利出版。此外，特别感谢贵州省气象局杨林副局长对本书研究工作的关心与支持；特别感谢贵州省生态环境监测中心为研究提供了环境监测资料；特别感谢贵州省气象服务中心及全体人员对本书出版的资助与支持。

由于本书研究所使用的环境监测资料时间年限较短，所得结论有一定的局限性，对一些新现象的科学认识有限，需要持续深入研究。由于著者水平有限，书中难免有疏漏和不正之处，敬请读者不吝指正。

作者

2024 年 8 月

目录

第 1 章　贵州环境气象气候背景

1.1 贵州地形地貌

贵州位于中国西南部，地处云贵高原东侧，介于 103°36′—109°35′E 和 24°37′—29°13′N 之间，是中国地势第二阶梯东部边缘的一部分。云贵高原东段是一个横亘于四川盆地和广西丘陵之间的山区，自西向东、自中部向南和向北三面倾斜，地势西高东低中部隆起（殷红梅 等，2018）。在东西方向由海拔 2400 m 的云南东部乌蒙山脉过渡到贵州中部 1000 m 左右高地，再到几百米的凯里地区，构成三级小阶梯面，南部边缘离海洋最近距离 400 km。

贵州是一个山区省份，平均海拔 1100 m，贵州地貌分布相比其他省份较为复杂（图 1.1），可概括分为山地、丘陵、高原和盆地四种类型，其中山地和丘陵占全省总面积的 97%，西部海

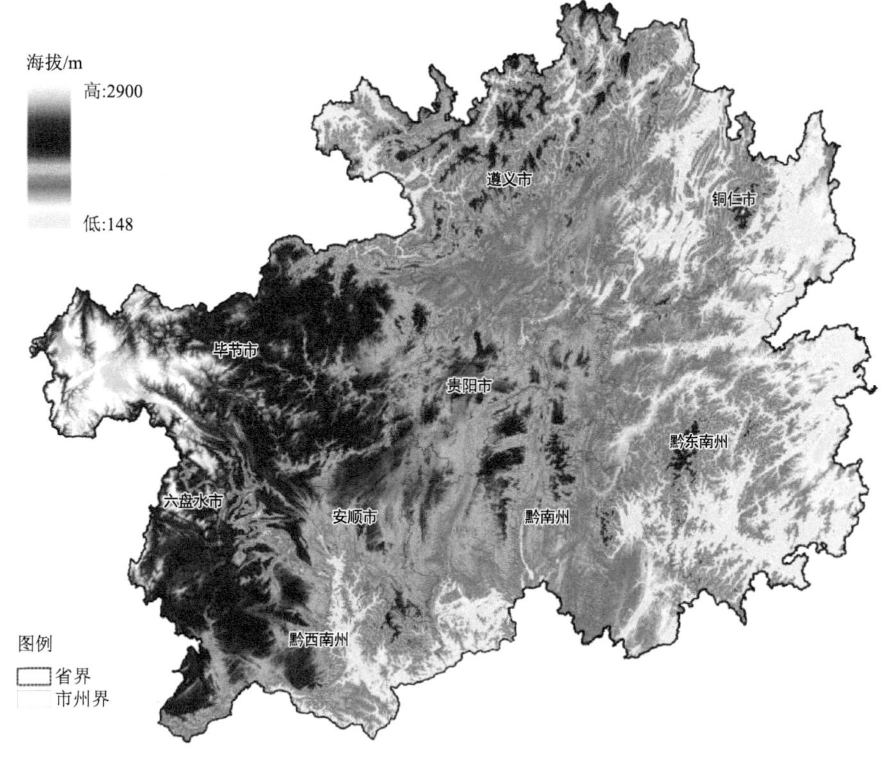

图 1.1　贵州省地形图

拔多在 1600～2400 m，中部海拔在 1000～1800 m，东部海拔在 800 m 以下。贵州岩溶地貌最具有代表性，发育了独特的喀斯特地貌，分布着世界上最为典型的喀斯特景观，全省喀斯特露出面积占全省土地面积的 62%（陈默涵 等，2016），95%的县（市）有喀斯特分布，从生态环境的角度来看，贵州是中国的“喀斯特省”。喀斯特地貌的主要特点是地表崎岖不平，水文结构复杂，地貌类型多样，地表峰林兀立，峰丛耸立绵延，洼地、漏斗、落水洞星罗棋布，石芽、溶沟在地表随处可见；地下形态以溶隙、溶洞为主，在全国最长洞穴排序中，贵州省有 6 个洞穴位居前 10 名之列，大于 2 km 长的地下河约 1130 条，分别占中国南方五省地下河总数的 38%、地下河总长度的 47%。2022 年贵州省共有自然保护区 88 个，自然保护区面积 84.7 万 hm^2，森林覆盖率 62.8%①。

1.2 贵州天气气候特征

1.2.1 贵州气候特点

贵州省位于副热带东亚大陆的季风区内，气候类型属中国亚热带高原季风湿润气候。贵州气候存在明显的季风性、高原性和多样性特征，气候的地域和垂直性差异均显著。全境以山地为主，平均海拔高度 1100 m，西部韭菜坪海拔 2901 m，东南的低凹河谷地区在 200 m 以下。地形地势和垂直高度影响造成了贵州复杂多变的气候差异。贵州气候带的划分并非呈纬向分布，而与地形和海拔高度的关系更为密切。贵州境内的武陵山、大娄山、苗岭和乌蒙山等高大山脉对气候的影响，还表现在对冷空气的屏障和阻滞作用，使山脉的两侧受冷空气的影响程度不同而导致气温差异；迎风坡对气流的抬升作用，使迎风面多雨，气候湿润，而背风坡则有焚风现象，气候较为干燥。山体对日照、辐射、风向风速、气温、降水、湿度的影响也都随着山体高度不同、坡向不同、植被不同而有所差异，形成复杂的山地立体气候。综合来说贵州气候的主要特点：冬无严寒，夏无酷暑，四季分明；雨水充沛，光、热同期；阴天多、日照少；立体气候特征明显，垂直性差异显著；灾害频发。

1.2.2 主要气象要素特征

（1）气温适宜，冬无严寒夏无酷暑，四季分明

贵州全省大部分地区年平均气温在 15.0 ℃以上，四季气温的分布特征差异明显，总体呈现东高西低、南高北低的特征。冬季，全省大部冬季平均气温在 3.0～6.0 ℃，南部地区可达 8.0 ℃以上，极端低温较少出现，大部分地区最低气温极值在－8.0～－3.0 ℃，仅在西部威宁、水城出现－10.0 ℃以下的极端低温。夏季，西部气温普遍低于东部地区，属典型的凉夏地

① 数据来源于 http://hgk.guizhou.gov.cn/publish/tj/2023/zk/indexch.htm。

区，全省平均气温普遍在20.0～26.0 ℃，极端最高气温全省普遍38.0 ℃以下，仅北部赤水、东部及南部边缘达38.0 ℃以上，中西部地区极端最高气温基本低于35.0 ℃。春、秋两季全省平均气温分布较为相似，总体分别在14.0～18.0 ℃及12.0～20.0 ℃。

(2)雨量丰富，分布不均

贵州省各地降水较多，全省大部分地区年降水量在1000～1400 mm，且年降水量相对变率小。但受大气环流、地形等因素的影响，降水的时空分布不均。降水量分布呈现从南向北，由东至西的递减趋势。年降水量最少地区为省西北部威宁赫章一带，不足900 mm；最多地区为省西南部，年降水量接近1500 mm。从降水量的季节分配上看，各地差异较大，整体而言降水量冬季最少，大部分地区在50～130 mm；夏季雨量最多，普遍达450～700 mm，占全年降水量40％以上，西南部地区在50％以上；春秋季基本相当，春季稍多，占全年雨量20％～30％，秋季雨量约占20％；其中省西部地区受西南季风影响，雨量的季节差异最大，有明显的雨季和旱季；东部受东南季风影响地区，降水的季节差异较西部小，春夏季降水量较多。

从降水日数上看，全省春雨较多，大部地区在40～55 d，西部及南部略少；夏、秋、冬三季贵州西部降水日数均大于东部，尤其是夏季，东部降水日数大多为40～45 d，西部为45～60 d；秋冬季东部降水日数为30～45 d，西部达35～50 d。

(3)阴天多，日照少

贵州省阴天多，日照少，全省大部分地区平均年日照时数在1000～1600 h，总分布趋势为自西向东递减。贵州北部地区多在1000 h左右，西部边缘局地超过1600 h。全年日照率在25％～35％，全年80％的日照集中在4—11月。威宁是全省日照时数最多的地方，年均日照时数达1635.1 h，是全省日照时数最少的"务川"站(966.6 h)的1.7倍。贵州西部大部分地区年均日照时数超过1300 h，遵义地区中东部年均日照时数不足1000 h，其余地区年均日照时数在1000～1300 h。

1.2.3 主要气象灾害

由于受大气环流及复杂地形地势的影响，贵州气候复杂多变，灾害性天气时有发生。影响贵州主要的灾害性天气如下。

(1)强风暴灾害(龙卷、冰雹、雷雨大风和雷暴等)，这类灾害主要由极端强对流天气造成，影响范围不大，但强度大、突发性强、破坏严重，危害大。

(2)冷害(倒春寒、秋风、凝冻、雪灾等)，此类灾害对农业生产、交通运输等产生较大影响，在地势较高地区降雪对交通、供电、通信和供水等行业的影响就更为明显。

(3)暴雨和洪涝，由暴雨引发的洪涝是影响最大、增长最快的灾害，现代洪涝的特点是发生频率高，影响范围广、持续时间长、灾害强度大。

(4)干旱，由于降水量偏少造成的干旱，是困扰贵州农业发展的主要气象灾害，干旱在贵州四季均有发生，尤其是春、秋两季持续性干旱，对农业生产及农村牲畜饮水造成严重影响。

1.2.4 影响贵州的主要天气系统

影响贵州的主要天气系统包括静止锋、高空槽、西太平洋副热带高压、热低压及台风(吴战

平 等,2017)。

受地形阻挡作用,冷空气南下在云贵高原地区容易形成静止锋,静止锋是冬季影响贵州天气的重要系统,也是造成贵州省春、夏季暴雨的重要影响系统。

影响贵州省的高空槽主要来自于青藏高原的高原槽及孟加拉湾的南支槽,高空槽对引起强降水的地面气旋的产生及西南水汽输送起着重要作用。

西太平洋副热带高压(简称"副高")是常年存在的永久性暖性深厚系统,其强度和位置随着季节而变化,在其控制下的地区,有强烈的下沉逆温,使低层水汽难以成云致雨,造成晴空万里的稳定天气,时间长了可能出现大范围高温干旱,但同时副高西南侧的水汽输送对贵州省降水也有重要影响。

热低压常出现在每年 2—5 月,由于冬季风的减弱或中断,当印度至缅甸一带高空受南支槽西南气流控制下时,气流翻山越岭在下沉过程中不断增暖,地面气压降低,西南地区一带常常会出现一个干热低压系统(也称作西南热低压),在其影响下,常常会使当地剧烈升温,造成高温天气。

台风对贵州省东部、南部地区夏季降水也有一定影响,一般如果登陆我国的台风为西行路径时,其外围可能会对贵州东部及南部地区降水产生影响,当台风外围或台风倒槽与北方南下的弱冷空气结合时,偶有大暴雨及强风天气出现,致使局地洪涝灾害发生。

1.3 贵州环境空气质量特征

1.3.1 基础资料简介

随着城市工业化发展和汽车保有量的飞速增加,日趋增加的工业和生活排放必然加重空气污染程度,城市大气环境正逐渐恶化。空气污染严重影响生态环境,对人类生活和人体健康造成严重危害。因此,在社会发展的同时迫切需要保护和改善环境,尤其是空气环境。空气质量的好坏一方面取决于污染源的多少、性质和排放强度,另一方面还要依据当地的气象条件而定。在不同的气象条件下,同一污染源排放所造成的地面污染物浓度可相差几十倍乃至几百倍,气象条件与空气质量的关系十分密切。

为进一步规范环境空气质量,增强对日益严重的空气污染防御能力,最大程度避免和减轻空气污染可能对公众健康、社会生产生活造成的不利影响,2012 年原环保部批准发布了《环境空气质量标准》(GB 3095—2012),新增污染物项目($PM_{2.5}$和 O_3),加严部分污染物限值,同步颁布实施的《环境空气质量指数(AQI)技术规定(试行)》(简称《AQI 规定》)增加了环境质量评价的污染物因子(污染项目浓度限值见表 1.1),可以更好地表征环境空气质量状况,反映当前复合型大气污染形势,调整了指数分级分类表述方式,完善了空气质量指数发布方式。

单项污染物的空气质量指数定义为空气质量分指数,指数级别及对应的污染物浓度限值见表 1.1。污染物项目包括:二氧化硫(SO_2)、二氧化氮(NO_2)、可吸入颗粒物(粒径小于或等于 10 μm，PM_{10}）、一氧化碳（CO）、臭氧（O_3）、细颗粒物（粒径小于或等于 2.5 μm，$PM_{2.5}$）。其中在分析每日首要污染物时，臭氧对应的空气质量分指数计算的是日最大 8 h 滑动平均值。

表 1.1　空气质量分指数及对应的污染物项目浓度限值

空气质量分指数	污染物项目浓度限值									
	SO_2 24 h 平均/(μg/m³)	SO_2 1 h 平均/(μg/m³)	NO_2 24 h 平均/(μg/m³)	NO_2 1 h 平均/(μg/m³)	PM_{10} 24 h 平均/(μg/m³)	CO 24 h 平均/(mg/m³)	CO 1 h 平均/(mg/m³)	O_3 24 h 平均/(μg/m³)	O_3 8 h 滑动平均/(μg/m³)	$PM_{2.5}$ 24 h 平均/(μg/m³)
0	0	0	0	0	0	0	0	0	0	0
50	50	150	40	100	50	2	5	160	100	35
100	150	500	80	200	150	4	10	200	160	75
150	475	650	180	700	250	14	35	300	215	115
200	800	800	280	1200	350	24	60	400	265	150
300	1600	/	565	2340	420	36	90	800	800	250
400	2100	/	750	3090	500	48	120	1000	/	350
500	2620	/	940	3840	600	60	150	1200	/	500

注："/"表示该项污染物浓度高于 800 μg/m³ 时，不再计算空气质量分指数，SO_2 空气质量分指数按 24 h 平均浓度计算的分指数报告，O_3 空气质量分指数按 1 h 平均浓度计算的分指数报告。

空气质量分指数按公式计算：

$$IAQI_P = \frac{IAQI_{Hi} - IAQI_{Lo}}{BP_{Hi} - BP_{Lo}}(C_P - BP_{Lo}) + IAQI_{Lo} \tag{1.1}$$

式中：$IAQI_P$ 污染物项目 P 的空气质量分指数；C_P 污染物项目 P 的质量浓度值；BP_{Hi} 表 1.1 中与 C_P 相近的污染物浓度限值的高位值；BP_{Lo} 表 1.1 中与 C_P 相近的污染物浓度限值的低位值；$IAQI_{Hi}$ 表 1.1 中与 BP_{Hi} 对应的空气质量分指数；$IAQI_{Lo}$ 表 1.1 中与 BP_{Lo} 对应的空气质量分指数。

空气质量指数（AQI）是表征空气质量好坏的无量纲参数，空气质量指数按公式计算：

$$AQI = \max\{IAQI_1, IAQI_2, IAQI_3, \cdots, IAQI_n\} \tag{1.2}$$

式中：$IAQI_n$ 为空气质量分指数；n 为污染物项目，即是多种污染物空气质量分指数中的最大值。

当 AQI 大于 50 时，$IAQI_P$ 最大的污染物为首要污染物。若 $IAQI_P$ 最大的污染物为两项或两项以上时，并列为首要污染物。

《AQI 规定》中空气质量指数级别划分见表 1.2。

贵州下辖贵阳、遵义、六盘水、安顺、毕节、铜仁 6 个地级市，黔东南、黔南、黔西南 3 个民族自治州，3 个州首府分别为凯里市、都匀市和兴义市，环境监测资料由原贵州省环境监测中心站和贵阳市环境监测中心站提供，选取 2015—2017 年 6 个市辖区和 3 个州首府（本书总称"九市"）逐日空气质量指数、首要污染物和 6 种污染物逐日平均浓度，以及 2013—2015 年贵阳 9 个环境空气质量国控监测点 6 种污染物逐时浓度资料。气象数据由贵州省气象档案馆提供。

表 1.2　空气质量指数分级

空气质量指数	空气质量指数级别	空气质量指数类别
0～50	一级	优
51～100	二级	良
101～150	三级	轻度污染
151～200	四级	中度污染
201～300	五级	重度污染
＞300	六级	严重污染

1.3.2　环境污染特征

环境污染特征主要从污染天数、污染级别分布、首要污染物类型和污染季节特征四个方面进行分析。

1.3.2.1　污染天数

贵州九市 2015—2017 年污染天数及空气质量优良率见图 1.2。因污染天数与优良率是对照参数，污染天数多而优良率低。图中可看出九市污染天数分布不均，可划分为相对污染区、环境优良区及环境优质区，相对污染区包括遵义、六盘水和贵阳，最高污染天数为遵义的 80 d，其次六盘水 79 d，环境优良区为中间层次，包含毕节、凯里和安顺，环境优质区包含兴义、都匀和铜仁，污染天数最少为兴义的 2 d，其次为都匀的 10 d。对应来看，兴义优良率最高为 99.8%，最低为遵义的 92.7%，九市均在 90%以上，说明贵州省环境空气质量整体较好。

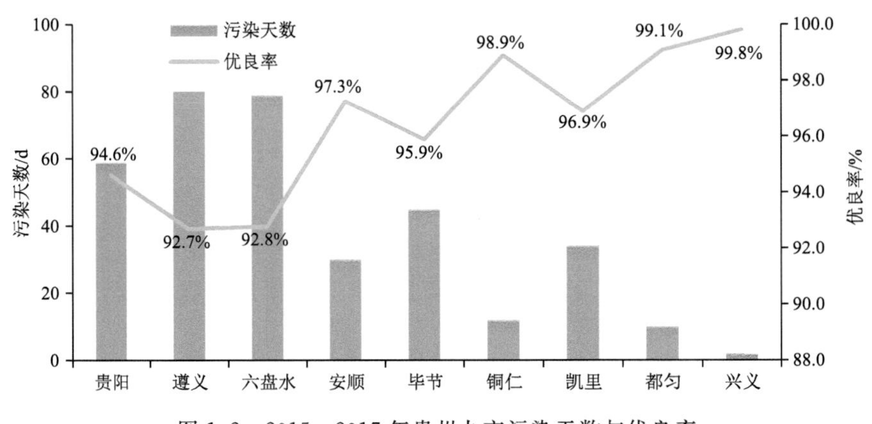

图 1.2　2015—2017 年贵州九市污染天数与优良率

1.3.2.2　污染级别

分析贵州九市出现轻度污染以上级别的分布情况如图 1.3 所示。九市均没有出现过严重污染；重度污染出现概率极低，兴义和铜仁没有出现过，其他城市各出现 1 d。总的来看，各地空气污染多属于轻度污染级别，九市总的轻度污染天数占污染天数中的 88.3%。轻度污染六盘水最多为 70 d，中度污染遵义最多为 13 d。省会城市贵阳以轻度污染居多，占该地污染中的 94.9%。

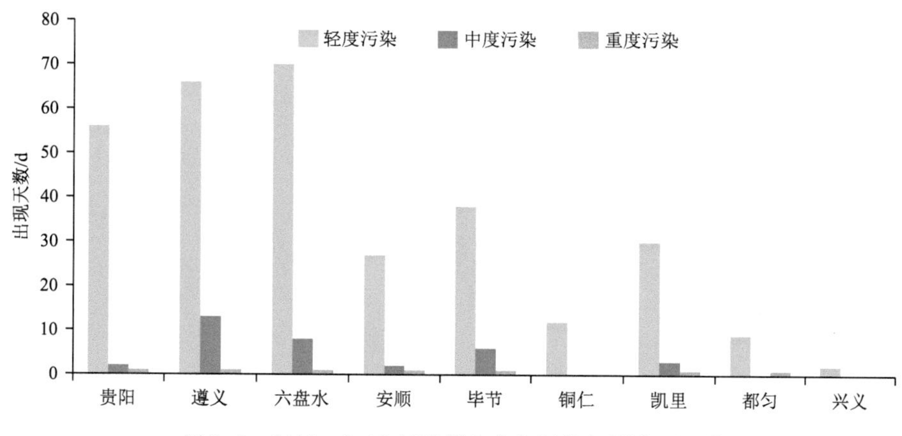

图 1.3　2015—2017 年贵州九市各污染级别出现天数

1.3.2.3　首要污染物

贵州九市环境空气污染并不严重，AQI 规定中指明空气质量指数在 50 以上需计算首要污染物，2015—2017 年九市主要的首要污染物情况如图 1.4 所示。九市主要的首要污染物为 PM_{10}、$PM_{2.5}$ 和 O_3；只有安顺和都匀发生过 SO_2 污染，分别为 47 d 和 16 d；六盘水发生过 4 次 NO_2 污染，贵阳、遵义、毕节和凯里只发生 1 次 NO_2 污染；兴义发生过 7 次 CO 污染，毕节和铜仁各发生 1 次。九市首要污染物总的出现次数来看，$PM_{2.5}$ 最多占 41.8%，其次为 PM_{10} 占 36.1%，O_3 占 20.5%。在三种主要的首要污染物中，各地有所偏重，贵阳、遵义、六盘水、毕节和凯里 $PM_{2.5}$ 出现次数最多，尤其凯里 $PM_{2.5}$ 是其他 2 种污染物的 4～5 倍，贵阳、遵义和六盘水次多的是 PM_{10}，而毕节次多的是 O_3；铜仁和兴义 PM_{10} 出现次数最多，尤其铜仁 PM_{10} 是其他 2 种污染物的 4～6 倍，兴义 O_3 次多，是 $PM_{2.5}$ 的 2.5 倍；安顺 O_3 出现次数最多、其次是 $PM_{2.5}$ 和 PM_{10}；都匀 3 种首要污染物出现次数相对较平均，$PM_{2.5}$ 和 PM_{10} 次数差异不大，与 O_3 悬殊不足 50 次。

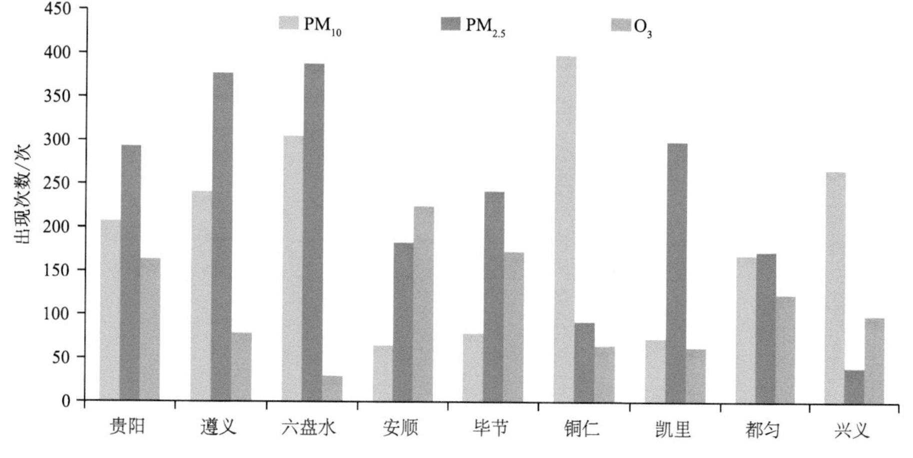

图 1.4　2015—2017 年贵州九市首要污染物出现次数

1.3.2.4　污染季节特征

因一年四季污染源和气象要素的不同，九市各季首要污染物分布有所差异，见图 1.5。其中冬季各地分布规律较为相似，臭氧出现次数极少，九市中只有铜仁和兴义 PM_{10} 的次数多于

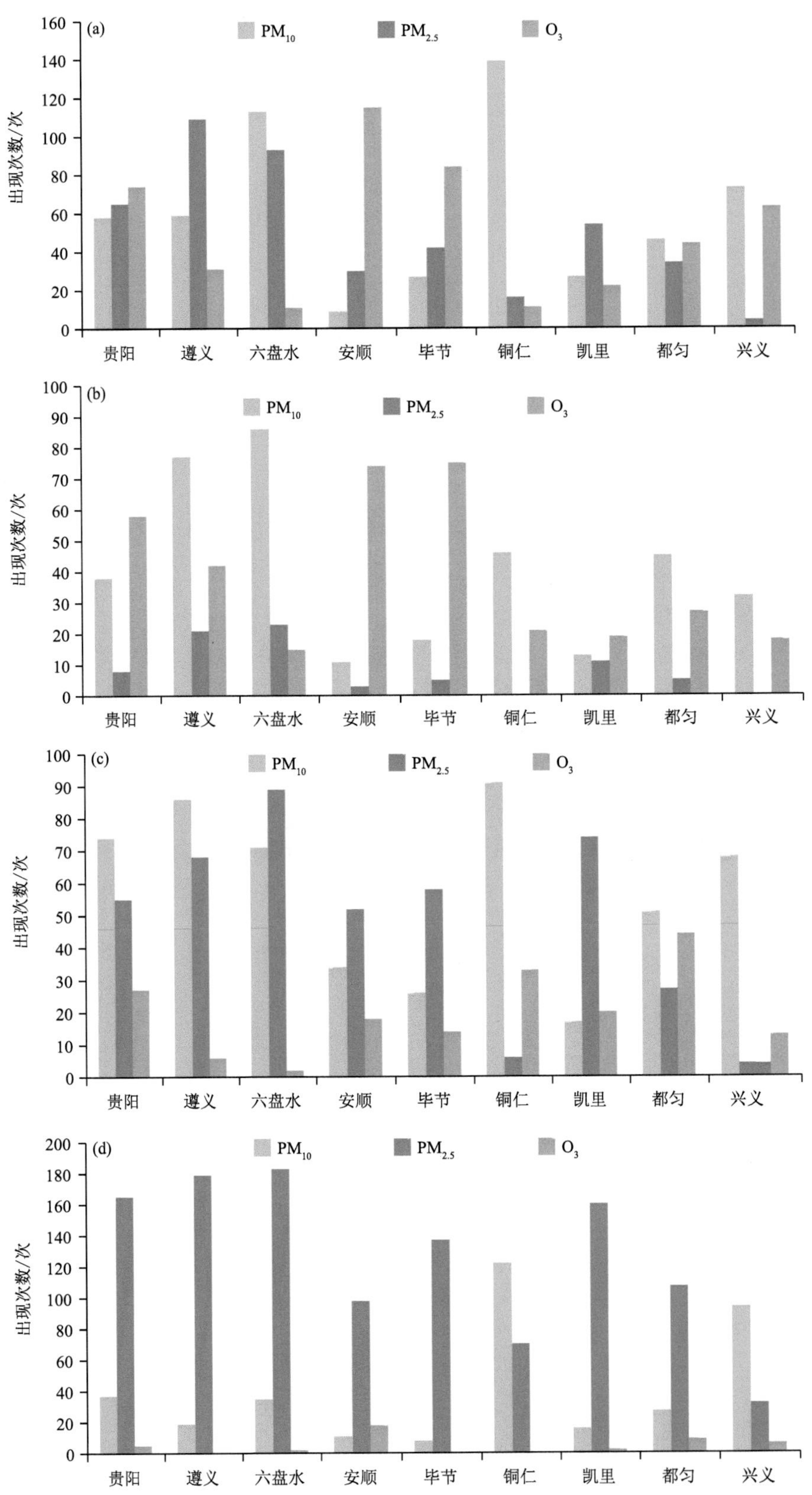

图 1.5　2015—2017 年贵州九市春(a)、夏(b)、秋(c)、冬(d)季首要污染物出现次数

$PM_{2.5}$，其余 $PM_{2.5}$ 明显高于 PM_{10}；夏季九市 $PM_{2.5}$ 出现次数明显较低，多以 PM_{10}（遵义、六盘水、铜仁、都匀、兴义）或 O_3（贵阳、安顺、毕节、凯里）为主。春秋季九市分布差异相对较为显著。春季贵阳、安顺和毕节 3 地首要污染物出现次数最多的是 O_3，其次是 $PM_{2.5}$，但贵阳 3 种污染物出现次数相差不大，安顺和毕节 O_3 次数明显较高；都匀 3 种污染物出现次数差异不显著；遵义和凯里 $PM_{2.5}$ 出现次数相对较多，其次是 PM_{10}；铜仁、六盘水和兴义 PM_{10} 出现次数相对较多，铜仁 $PM_{2.5}$ 和 O_3 次数相对少很多，六盘水 $PM_{2.5}$ 次之，与 PM_{10} 相差不大、O_3 次数相对少很多，兴义 O_3 次之，与 PM_{10} 相差不大，$PM_{2.5}$ 相对少很多。秋季贵阳、遵义、铜仁、都匀和兴义 PM_{10} 占主导，贵阳和遵义 $PM_{2.5}$ 次之，铜仁、都匀和兴义 O_3 次之，其中铜仁、兴义 $PM_{2.5}$ 次数极少；六盘水、安顺、毕节和凯里则是 $PM_{2.5}$ 占主导，其中六盘水、安顺、毕节 PM_{10} 次之，六盘水 O_3 次数极少。

1.3.3　空气质量指数特征

由于环境空气监测资料时间年限较短，看不出长时间序列的城市环境空气质量的变化趋势，本节将研究贵州九市空气质量指数的年变化及近 3 年变化趋势。

1.3.3.1　空气质量指数年变化

从污染特征分析中优良率可看出，贵州九市空气质量水平总体较好。通过算术平均计算九市各月空气质量指数得到 2015—2017 年空气质量指数年变化趋势（图 1.6），各地之间空气质量指数差异并不大，变化趋势基本一致，进入春季（3 月）AQI 呈下降趋势，5 月有所起伏，夏季初 6 月降幅较明显，各地达到一年中最低值，7—10 月呈缓慢上升趋势，11 月—次年 1 月呈明显上升趋势。这种趋势变化存在明显的季节性特征，夏季低、冬季高，春秋季起伏变化。6 月是贵州降水量最多的月份，降水对污染物有稀释清除作用，因而 AQI 值最低。

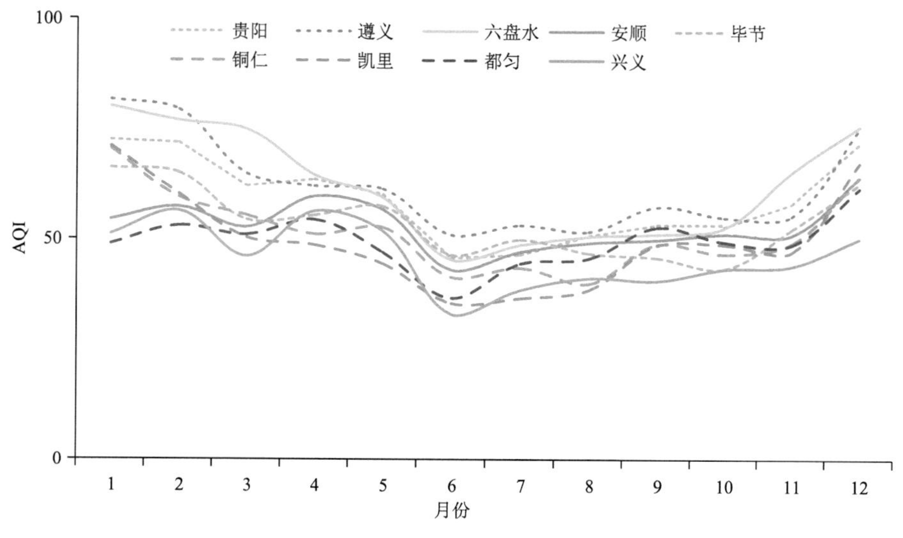

图 1.6　2015—2017 年贵州九市空气质量指数年变化

1.3.3.2　空气质量指数逐年变化

通过算术平均统计方法计算九市年平均空气质量指数得到 2015—2017 年的逐年变化

(图 1.7),由于贵州省总体空气质量较好,近 3 年各地变化幅度不大。六盘水、毕节和凯里 3 年来 AQI 几乎无变化,贵阳和遵义 2017 年相比前两年明显下降,安顺和铜仁 2015 年最大、2016 年最小、2017 年比 2016 年有小幅度的上升,都匀 2016 年最大、2017 年最小,兴义近 3 年呈逐渐下降趋势。

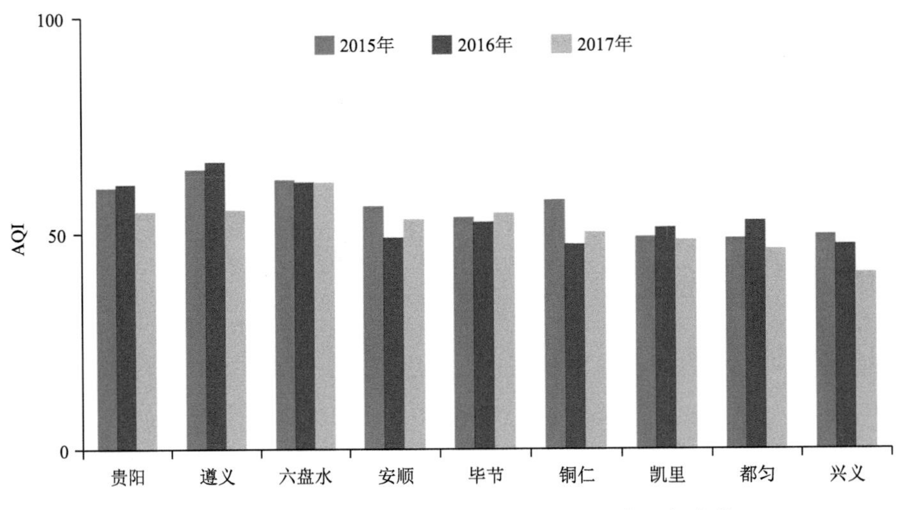

图 1.7　2015—2017 年贵州九市空气质量指数逐年变化

1.3.3.3　空气质量指数季节分布

从 1.3.2.4 节分析中可看出环境空气污染具有明显的季节性特征,而空气质量指数的季节分布(采用算术平均统计方法)如图 1.8 所示。贵州九市均表现出冬季最高、夏季最低的特征,只有毕节秋季比夏季 AQI 略低,凯里和都匀 AQI 春、秋季数值相当,其余城市均表现出春季高于秋季特征。空气质量指数的季节分布特征一是反映了污染排放的季节性因素,二是反映了空气质量指数受气象条件的季节变化影响。

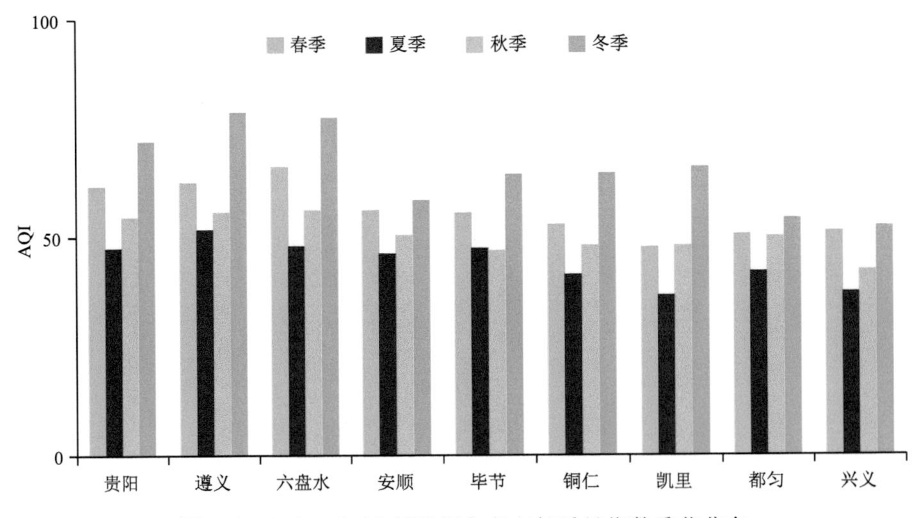

图 1.8　2015—2017 年贵州九市空气质量指数季节分布

1.3.4　贵阳市污染物特征

以贵州省会贵阳为例，研究各种污染物的年变化和日变化特征。资料选取2013年1月1日—2015年6月30日环境空气质量国控监测点6种主要大气污染物（SO_2、NO_2、O_3、PM_{10}、CO、$PM_{2.5}$）的逐时质量浓度数据。

1.3.4.1　站点地理环境

贵阳市有10个环境空气质量国控监测点，但由于太慈桥监测点数据经常缺测，故本节研究对象选取9个监测点（乌当、金阳新区、马鞍山、红边门、市环保站、冶金厅、小河、花溪、桐木岭），图1.9为贵阳市行政区和9个监测点分布。监测点分布于主城区（云岩区、南明区），北郊（乌当区）、南郊（花溪区）及城西（观山湖区）。桐木岭监测点为环境空气质量评价对照点。

图1.9　贵阳市行政区和环境空气质量国控监测点分布示意图

1.3.4.2　污染物浓度的年变化

图1.10为贵阳市6种大气污染物浓度的年变化，其中SO_2、NO_2、PM_{10}、CO、$PM_{2.5}$浓度均为单谷型特征，浓度最小值出现在7月，最大值集中出现在12月—次年1月，引起这5种污染物浓度变化单谷型特征的原因一方面是SO_2、NO_2、PM_{10}、CO、$PM_{2.5}$具有同源性（王涛 等，2015），另一方面夏季降水较多、强度较大，对污染物清除作用最好，而贵阳冬季常年受准静止锋影响，存在锋面逆温和连续阴天过程，不利于颗粒污染物（PM_{10}、$PM_{2.5}$）扩散，加上冬季采暖

大量化石燃料的燃烧增加了 CO、SO_2 等污染物的排放量，因此冬季污染物浓度值最高，夏季最低。总体来说，O_3 的浓度年变化呈现出双峰型特征，在 4 月、10 月分别出现两个极大值，在 11 月至次年 2 月、7 月分别为两个极小值。O_3 的生成主要受太阳辐射和气温影响，太阳辐射强、气温高时，光化学反应强烈，对应 O_3 地表浓度大（曾强 等，2015），统计同期贵阳市月平均日照时数及月降水量发现日照的年变化也表现为类似双峰型特征，降水则为单峰型年变化（图略），因此 4 月、10 月日照时数较多，且同期降水量较少，导致 O_3 能大量积累（严晓瑜 等，2015），而 7 月日照时数多，但同时降水量也多，尽管 7 月气温最高，但较多的降水减弱了光化学反应，导致 O_3 浓度降低，冬季因气温最低且日照最少，从而不利于 O_3 生成和累积，其浓度最低。

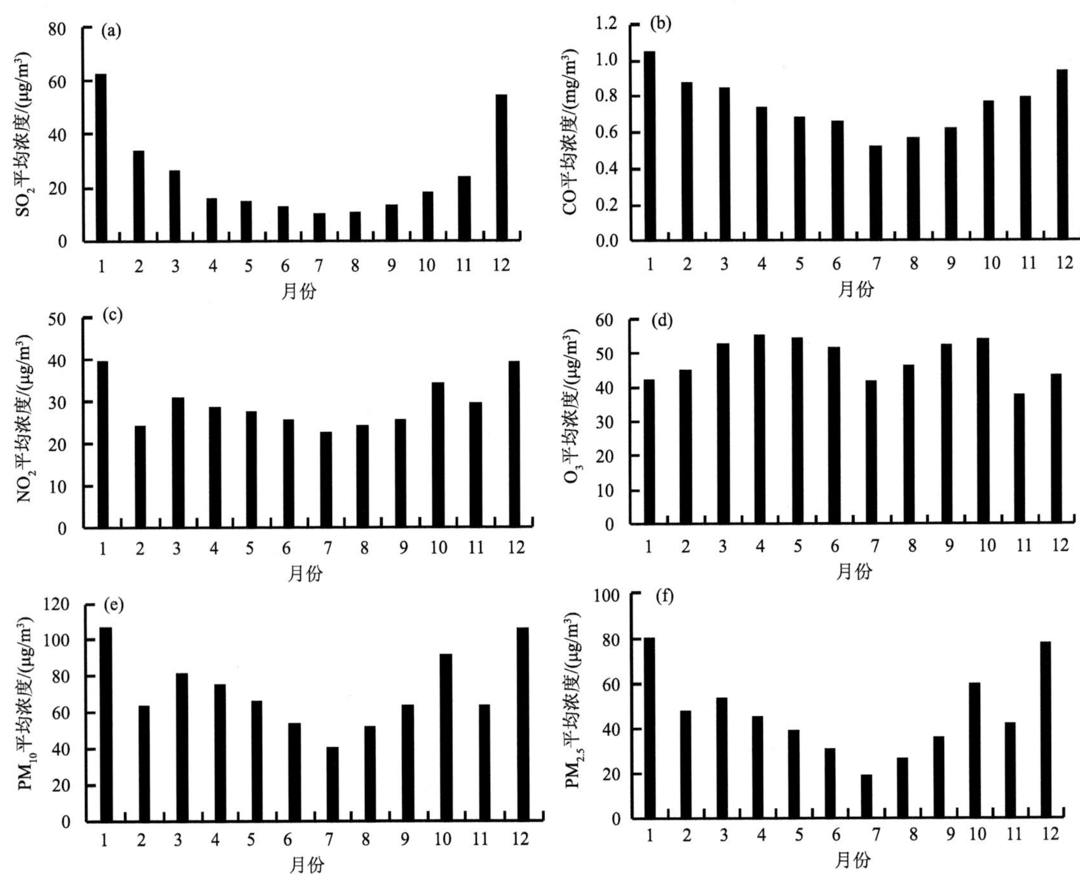

图 1.10　贵阳市大气污染物平均浓度年变化

1.3.4.3　污染物浓度的日变化

图 1.11 给出了贵阳市 9 个监测站点及贵阳市平均的污染物（SO_2、NO_2、O_3、PM_{10}、CO、$PM_{2.5}$）浓度日变化情况。发现各监测站点 SO_2 浓度的日变化具有一定差异，其中金阳新区、马鞍山、乌当区三个监测点为单峰型，白天浓度高于夜间，其余各监测点为双峰型，SO_2 浓度从早上 07 时开始累积上升，第一峰值出现在 10—11 时，第二峰值出现在晚上 20—21 时。NO_2、PM_{10}、CO、$PM_{2.5}$ 的浓度日变化特征相似，均为双峰型特征，两个峰值分别出现在 08—09 时和 20—21 时。上述污染物浓度峰值分别出现在早、晚交通高峰之后，可见机动车尾气排放对污

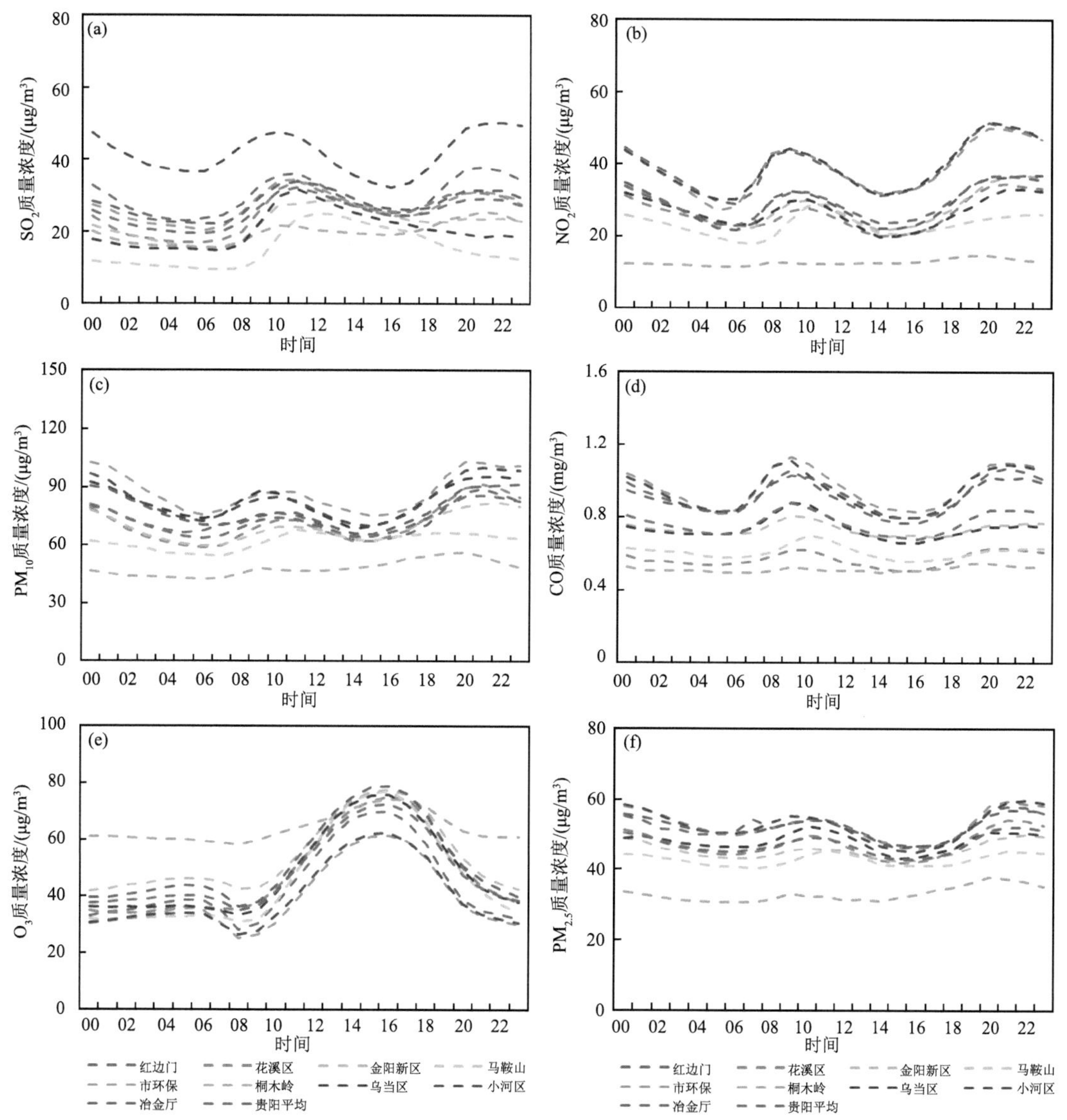

图 1.11 贵阳市大气污染物质量浓度日变化

染物浓度影响较大(于洲 等,2016),随着早高峰的结束,气温逐渐升高,湍流活动加强,对应大气边界层垂直混合强度增大,大气层结不稳定性增强,有利于污染物的扩散输送,使污染物浓度降低,同时,随着辐射的加强,光化学反应会造成 CO、NO_2 的消耗从而使浓度下降(高正旭 等,2018)。各监测点 O_3 浓度的日变化特征基本一致,表现为单峰型,最高值均大约出现在 16 时,最低值则大约出现在 08 时,由于 O_3 浓度的变化主要受太阳辐射影响,从 08 时开始,随着日照以及 NO_x 等 O_3 前体物浓度的不断增强,O_3 的浓度持续上升(王闯 等,2015),到 16 时后才开始逐渐下降。值得注意的是,O_3 的日变化曲线与其他污染物尤其是 NO_2 日变化曲线呈反位相变化,造成这种反相变化一方面是 NO_2、CO 会发生光化学反应生成 O_3 而产生消耗,另一方面是颗粒物($PM_{2.5}$、PM_{10})浓度值较高时,会减弱太阳辐射导致 O_3 浓度下降(王涛 等,2015;王闯 等,2015)。此外,桐木岭站 O_3 浓度日均值总体高于其他监测站点,而其他污染物浓度日均值较低,可能原因一是桐木岭站为环境质量评价对照点,污染源排放影响相对较小,O_3 浓度不易受其他污染物的相互影响，尤其是颗粒物（$PM_{2.5}$、PM_{10}）会削弱太阳辐射的作用；二是由于远离市区，平均风速相对较大，相关研究（He et al.，2017）表明，O_3的质量浓度与风速呈显著正相关。

1.4 贵州大气污染物来源解析

1.4.1 源解析方法概论

1.4.1.1 受体模型方法

大气颗粒物来源解析是其防治措施立法最为重要的依据，是实施《大气污染防治行动计划》的主要依据之一。源解析（Source Apportionment，SA）的方法包括：①"自下而上"法，即基于污染物排放速率和气象信息的化学输送模型，包括源排放清单和源模型（包括 Models-3/CMAQ、NAQPMS、CAMx、WRF-chem 等）；②"自上而下"法，即受体模型（receptor models，RMs），尤其用于解析环境空气中的颗粒物，它基于测点污染物浓度的统计分析，推测源类型并估算他们对测点浓度的贡献。用于 RMs 的污染物称为受体物质。

受体模型源解析包含许多工具：从基于主成分分析和基本物理假设（比如富集因子分析）的简单方法，到具有前后数据处理并具有良好操作界面的复杂模型。尽管所有这些工具都是用于分析处理测点测量数据，但是输入数据的本质和格式变化很大。总的来说，有三种数据输入：环境空气污染物浓度、排放源成分谱和气象数据（比如，风速风向或后向轨迹）。另外，有扩展模型，他们可以处理其他比如季节、工作日、降水等信息。

所有常用的多源受体模型的基本方程是指溶液中的质量平衡问题：

$$x_{ij} = \sum_{k=1}^{p} g_{ik} f_{kj} + e_{ij} \tag{1.3}$$

式中，x_{ij} 是在第 i 个样本的第 j 个物质浓度，g_{ik} 是第 p 个源对第 i 个样本的贡献，f_{kj} 为在第 p 个源的第 j 个物质的浓度，e_{ij} 为浓度不确定性——便于解决统计质量平衡并非数学解析方法。

式（1.3）中物料平衡的主要假设是所有受体模型的共同特征，只是它在不同模型的重要性不同。这些假设如下。

（1）源成分谱在整个过程中没有重大改变，或者以可重复的方式在改变，使得整个系统是拟稳定的。化学质量平衡模型（Chemical Mass Balance Model，CMB）基于它们没有改变或者知道分级系数；因子分析基于它们在采样期间以整体的方式做改变。

（2）受体物质在从源到受体的输送过程中（比如，线性增加），没有发生化学反应或相变（固相/气相，或者固相/液相）。

另外两个内在假设：①该数据代表所研究区域，并符合概念模型；②该比较等量分析方法用于整个研究过程的受体位点以及源成分谱描述。

式(1.3)中的统计方法依赖于排放源在受体点影响的变化性。变化性可能来源于源排放速率的改变和水平气象驱动方向的改变。如果假设①不能满足,受体模型不能解决合适的源谱、混合谱或者分割谱。如果假设②不能满足,最好的情况是受体模型的源贡献评估偏高或偏低,或推测出的源类型可能是错误的;最坏的情况则是式(1.3)不能成立。

金属对于假设②是很好的受体物质,他们从受体模型的初步发展阶段开始就一直被使用。然而,在研究受体某种特定物质来源于不同燃烧源(源追踪也叫标识成分或分子标识)时,有机化学成分已经在当今二次气溶胶研究中得到普遍应用,尽管这个类的成分经常与假设②冲突。受体模型允许存在对假设的小偏离,反应性化合物在一些情况下可作为受体物质(比如化学平衡模型),再另外对他们从源到受体传输过程中的增减作修改。半挥发性或活性化合物可以很好地作为近地源模型或特定气象条件——该条件(低温、低光化学活性)使得这些物质很少发生改变——的受体物质。而且,如果假设②中的偏离能以某种方式定量,这些偏离可表述为分馏系数(Sheldon,1973;Grosjean et al.,1989),它表征选择性损失——重力沉降、化学转换或蒸发等过程,或选择性增加——由于化学形成或者浓缩。在实践中,只把分馏系数接近1的物质用于分析(Schauer et al.,1996)。另外,这些信息被用作在统计处理中使用误差加权的受体模型的误差输入(Belis et al.,2011;Junninen et al.,2009;Larsen et al.,2012)。

1.4.1.2 CMB 方法

CMB 方法是受体模型中应用最为广泛的方法之一。

CMB 模型是在源和受体之间建立平衡关系,它基于以下6点假设(US Environmental Protection Agency,2005):假设存在对受体中的大气颗粒物有贡献的若干源类(j),且①各源类排放的颗粒物的化学组成有明显差别;②各源类所排放的颗粒物的化学组成相对稳定;③各源类所排放的颗粒物之间没有相互作用,在传输过程中的变化可以被忽略;④所有污染源成分谱是线形无关的;⑤污染源种类低于或等于化学组分种类;⑥测量不确定度是随机的、符合正态分布。那么受体测量的颗粒物组分浓度C就是每一源类贡献浓度值的线性加和式(1.4):

$$C = \sum_{j=1}^{J} S_j \tag{1.4}$$

式中:C为受体大气颗粒物的总质量浓度,单位$\mu g/m^3$;S_j为每种源类贡献的质量浓度,单位$\mu g/m^3$;J为源类的数目,$j=1,2,3,\cdots,J$。

如果受体颗粒物的化学组分i的浓度为C_i,式(1.5):

$$C_i = \sum_{j=1}^{J} F_{ij} S_j \tag{1.5}$$

式中:C_i为受体大气颗粒物中化学组分i的浓度测量值,单位$\mu g/m^3$;F_{ij}第j类源的颗粒物中化学组分i的含量测量值,单位g/g;S_j为第j类源贡献的浓度计算值,单位$\mu g/m^3$;J为源类的数目,$j=1,2,3,\cdots,J$;i为化学组分的数目,$i=1,2,3,\cdots,I$。

当且仅当$i \geqslant j$时,方程解为正解,源类j的分担率为式(1.6):

$$\eta = \frac{S_j}{C} \times 100\% \tag{1.6}$$

CMB 方程组的算法主要有以下几种:示踪化学组分法、线形程序法、普通加权最小二乘法、岭回归加权最小二乘法、神经网络法、有效方差最小二乘法。目前最常用的是有效方差最小二乘法(Pandoifi et al.,2008;Bi et al.,2007)。

CMB 模型结果的精确度特别依赖于排放源谱。排放源谱必须来源于受体所在区域。CMB 需要对研究区域的源排放有全面的了解，以确保包含所有相关的源以及评价其不确定性。然而，由于人类对自然界认识有限，无法掌握所有的源类信息，再加上对源和受体样品采集和分析过程中不确定性的存在，使得纳入 CMB 模型中的受体和源的信息无法完全匹配(Watson et al.,2008)。而受体中存在的未知源类，造成了源—受体体系的不匹配，从而使得共线性源类无法被 CMB 模型计算得到合理结果。研究表明，如果受体和源类的信息在高度匹配的情况下，即使有共线性源类存在，也可以得到理想的结果(Shi et al.,2009a)。因此，如果降低受体中的未知源的含量，则会将源和受体的匹配程度大为提高，从而能够使得共线性源类得到合理的解析结果。这些因素引发了复合模型的研究，比如 PCA/MLR-CMB 复合受体模型(Shi et al.,2009b)。

根据《大气颗粒物来源解析技术指南(试行)》的要求，结合实际工作情况，使用 CMB 模型制定工作路线。

1.4.2 颗粒物时间分布特征

2016—2019 年可吸入颗粒物和细颗粒物浓度年均值均呈现逐年下降趋势(图 1.12)，尤其是 2019 年两者下降均较为显著。其中，2018 年九市可吸入颗粒物及细颗粒物浓度平均值分别为 49 μg/m³ 和 28 μg/m³。九市颗粒物月均值最高值出现在 2 月，可吸入颗粒物及细颗粒物浓度平均值分别为 74 μg/m³ 和 49 μg/m³；可吸入颗粒物及细颗粒物浓度最低值分别出现在 9 月和 7 月，浓度值分别为 29 μg/m³ 和 17 μg/m³。春季、冬季可吸入颗粒物月均值高，夏季、秋季可吸入颗粒物月均值低，呈现明显的季节变化。细颗粒物的质量浓度占可吸入颗粒物的约 80%。

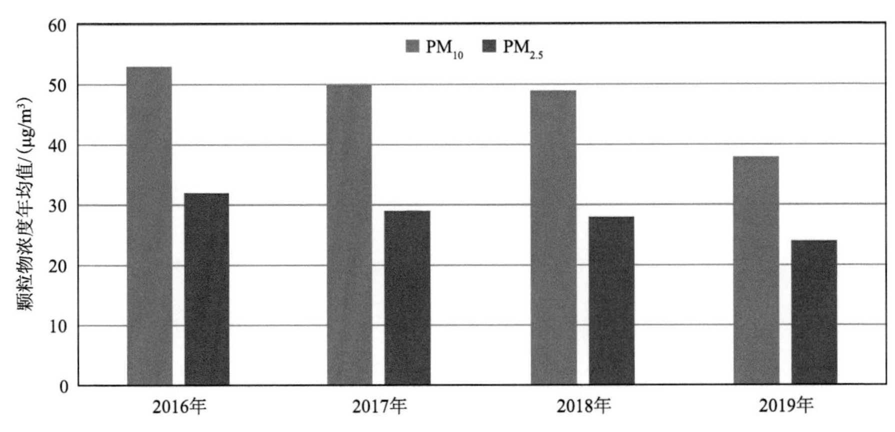

图 1.12　2016—2019 年九市颗粒物年均值变化

2019 年九市环境空气质量均达到国家二级标准，占比 100%，同比持平。从全省的污染天数分布来看，12 月出现污染的天数最多，为 21 天次，1 月次之，为 20 天次，环境空气质量相对较差，主要污染指标为细颗粒物；5 月、7 月、9 月、10 月和 11 月未出现污染天数，环境空气质量较好。九市可吸入颗粒物和细颗粒物浓度年平均值分别为 38 μg/m³ 和 24 μg/m³，月均值最高值均出现在12月，分别为53 μg/m³和37 μg/m³；最低值均出现在7月，分别为24 μg/m³和13 μg/m³。春季、冬季颗粒物月均值高，夏季、秋季颗粒物月均值低，呈现明显的季节变化。

1.4.3 源贡献值和分担率

九市$PM_{2.5}$的主要贡献源为道路扬尘、机动车尾气尘、建筑尘、燃煤尘、工业粉尘，其分担率分别为19.1%、18.6%、17.6%、16.5%、13.7%，共计85.5%；其余源为生物质燃烧尘、土壤尘、未知源。

(1)贵阳市$PM_{2.5}$的主要贡献源为道路扬尘、机动车尾气尘、建筑尘、工业粉尘，其分担率分别为23.7%、23.7%、20.1%、11.5%，共计79.0%；其余源为燃煤尘、生物质燃烧尘、未知源。

(2)遵义市$PM_{2.5}$的主要贡献源为道路扬尘、机动车尾气尘、建筑尘、燃煤尘、工业粉尘，其分担率分别为19.8%、18.6%、18.2%、17.0%、12.8%，共计86.5%；其余源为生物质燃烧尘、土壤尘、未知源。

(3)六盘水市$PM_{2.5}$的主要贡献源为燃煤尘、道路扬尘、工业粉尘、建筑尘、机动车尾气尘，其分担率分别为21.2%、18.4%、17.4%、15.2%、13.1%，共计85.3%；其余源为生物质燃烧尘、土壤尘、未知源。

(4)安顺市$PM_{2.5}$的主要贡献源为道路扬尘、建筑尘、工业粉尘、机动车尾气尘、燃煤尘，其分担率分别为20.8%、17.7%、17.2%、16.8%、13.2%，共计85.7%；其余源为生物质燃烧尘、土壤尘、未知源。

(5)毕节市$PM_{2.5}$的主要贡献源为道路扬尘、建筑尘、燃煤尘、机动车尾气尘、工业粉尘，其分担率分别为22.8%、17.9%、16.5%、15.8%、12.9%，共计85.9%；其余源为生物质燃烧尘、土壤尘、未知源。

(6)铜仁市$PM_{2.5}$的主要贡献源为道路扬尘、建筑尘、机动车尾气尘、燃煤尘、工业粉尘，其分担率分别为21.0%、20.4%、17.3%、16.0%、15.8%，共计90.5%；其余源为生物质燃烧尘、土壤尘、未知源。

(7)凯里市$PM_{2.5}$的主要贡献源为机动车尾气尘、建筑尘、燃煤尘、工业粉尘、生物质燃烧尘，其分担率分别为22.8%、18.8%、15.9%、13.0%、12.1%，共计82.6%；其余源为道路扬尘、土壤尘、未知源。凯里城市道路最为洁净。

(8)都匀市$PM_{2.5}$的主要贡献源为燃煤尘、机动车尾气尘、道路扬尘、建筑尘、工业粉尘，其分担率分别为20.0%、18.6%、17.9%、15.9%、11.9%，共计84.3%；其余源为生物质燃烧尘、土壤尘、未知源。

(9)兴义市$PM_{2.5}$的主要贡献源为机动车尾气尘、燃煤尘、道路扬尘、建筑尘、工业粉尘，其分担率分别为20.8%、19.4%、16.2%、14.5%、12.0%，共计82.9%；其余源为生物质燃烧尘、土壤尘、未知源。

1.5 贵州大气气溶胶时空分布特征

选取 2001 年 1 月—2017 年 2 月 TERRA MODIS C6 版二级 3 km 550 nm 的高分辨率气溶胶光学厚度(AOD)数据集(MOD04_3k),该产品是使用的暗像元算法(DT)反演的,产品下载自 NASA 网站(https://ladsweb.modaps.eosdis.nasa.gov)。第六版新提供的该 3 km 产品能更好地描述较小区域气溶胶的空间分布(Munchak et al.,2013)。每个反演的 MODIS AOD 数据都有一个质量标志(QAC),QAC 值为 3、2、1、0 分别代表 AOD 质量为最好、好、临界和不可靠。为了控制计算结果的不确定性,提取了反演质量最好的点(QAC=3)参与计算。为得到气溶胶产品的长期变化,将获取的 AOD 数据进行反距离权重插值,得到分辨率为 5 km 的 AOD 格点产品,然后再作图分析。考虑到卫星观测结果的不确定性以及缺值问题,在计算 AOD 区域平均值时,将一天中云贵高原区域内有效数据格点数小于 200 个的天数进行剔除。在计算季节平均时,使用 3 月、4 月和 5 月平均作为春季,6 月、7 月和 8 月作为夏季,9 月、10 月和 11 月作为秋季,12 月和次年 1 月、2 月作为冬季。计算 AOD 长期变化趋势时,采用线性回归方法。

1.5.1 MODIS 卫星遥感 AOD 的空间分布

图 1.13 所示为贵州多年平均 AOD 空间区域分布。贵州年平均 AOD 空间分布大体呈现东高西低。AOD 分布存在 5 个高值区(0.6 以上),分别位于贵州省北部(遵义市 1 个、铜仁市

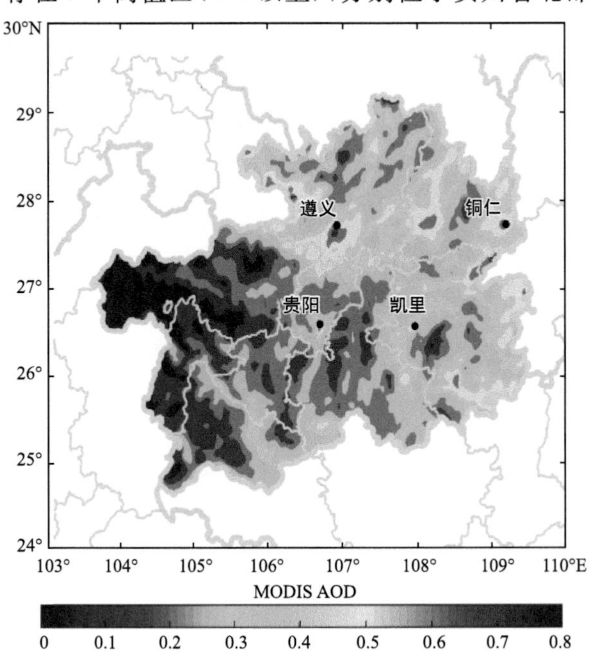

图 1.13 贵州省多年平均遥感气溶胶光学厚度分布
(NASA,2001—2016 年,550 nm)

2 个)、东南部和省会贵阳。高值区中,贵阳高值区为孤立形态,即与周围区域 AOD 值差异较大,其气溶胶主要来源于本地排放,受周围的传输影响较小。遵义市和铜仁市东边的高值区与这两个地州级市区的盆地范围大致吻合,表明其主要也来自本地排放。其余两个高值区并不处于城市地区,加上这两个地区海拔较低,表明这两个高值区的气溶胶除来自本地排放外,可能还有相当部分是从其他区域传输而来的。如贵州北部、东部和南部边缘低海拔地区的次高值区(0.4 左右)毗邻中国气溶胶的高值区之一的四川盆地,在一些季节很可能受这些区域气溶胶传输的影响。

AOD 低值区(AOD<0.2)主要位于贵州西部海拔较高地区。其分布与海拔高度呈显著的负相关关系,在低海拔地区(1500 m 以下),AOD 均值大多在 0.2 以上;高海拔地区(1500 m 以上)AOD 绝大部分均低于 0.2。究其原因,贵州西部高海拔地区人口密度低,本地排放源较少,故 AOD 值也非常低。

1.5.2 MODIS 卫星遥感 AOD 的月和季节时空变化

从图 1.14 可知,近 16 a 以来,贵州 AOD 的月平均 AOD 为 0.19~0.47,表现出明显的季节性差异。低值(<0.26)主要出现在 10—12 月,高值(>0.36)出现在 3—4 月、6 月和 1 月,高值主要分布于春季、夏季和冬季,这主要与春季多发的森林火险和夏季人类活动的增加有关。多年月均 AOD 的均值为 0.32。

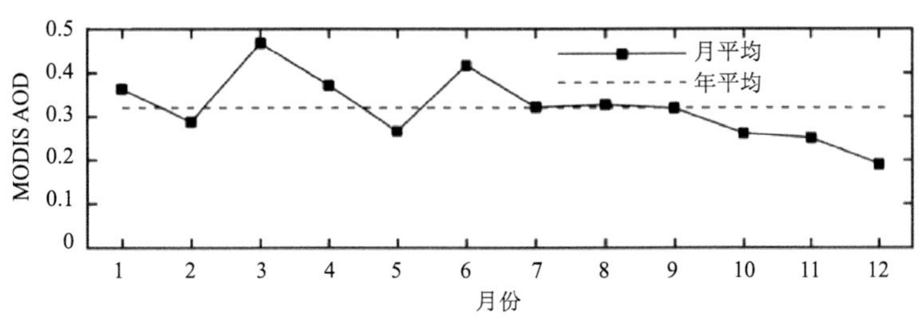

图 1.14 2001—2016 年贵州 AOD 月变化特征

在贵州,夏季主要受湿润的西南季风影响,而冬季主要受东北季风影响,因而冬季除本地排放外,其东部海拔较低地区还受到周边 AOD 较高地区的传输影响。由于这些人为排放和气象因素对气溶胶的影响交织在一起,贵州 AOD 的月变化较为复杂。

图 1.15 为贵州省 4 个季节的平均 AOD 分布。4 个季节平均差异较大,反映出不同季节人类活动的交替和气象条件的差异。如春秋季从事农事活动时生物质的大量燃烧,对人为气溶胶的排放贡献产生较大影响;又如不同季节风速、降水的不同,对气溶胶的清除作用也有差异。

(1)春季:贵州春季 AOD 整体较高,由于贵州春耕和收获时生物质燃烧,使得贵州 AOD 高值明显,其中贵州大部、贵阳高值达到 0.6 左右(图 1.15a)。另外,春季贵州以西南风向为主,东南亚 AOD 高值区的气溶胶也可能向北传输入贵州境内,另外,每年初春季也会有多次东北冷空气来袭(即倒春寒),会将东部地区浓度较高的气溶胶带入贵州境内。

(2)夏季:由于季风影响,贵州地区进入主汛期,导致贵州高原东部夏季 AOD 较春季明显下降,高值区面积整体缩小。由于生物质燃烧和森林火灾的减少,降水和光照增加较多,植被生长茂盛，导致该地区 AOD 降幅较大(图 1.15b)。高值区域明显位于贵州东北部、贵阳等城市地区，城市尺度分布明显，这与该区域夏季人类活动增加及静稳天气增多有关(张云 等，2016)。

(3)秋季：秋季 AOD 在夏季基础上继续下降，高值区域范围明显缩小，且只有贵州北部小区域(遵义、铜仁)存在大于 0.6 的区域。贵州东部达到一年中的最小值，贵州西部也达到一年中的次低值(图 1.15c)。

(4)冬季：图 1.15d 所示，贵州地区东部冬季 AOD 相比秋季增加明显，特别是贵州北部 AOD 均值达 0.6 以上的高值区域明显扩大，这除了与冬季取暖等活动造成的本地排放增多有关外，还与冬季贵州以外的东部和北部气溶胶高值区有关，因冬季贵州东部盛行东北风，区域传输影响较大。而贵州西部的 AOD 继续下降，整体下降到 0.2 以下，为贵州西部一年中的最低值。

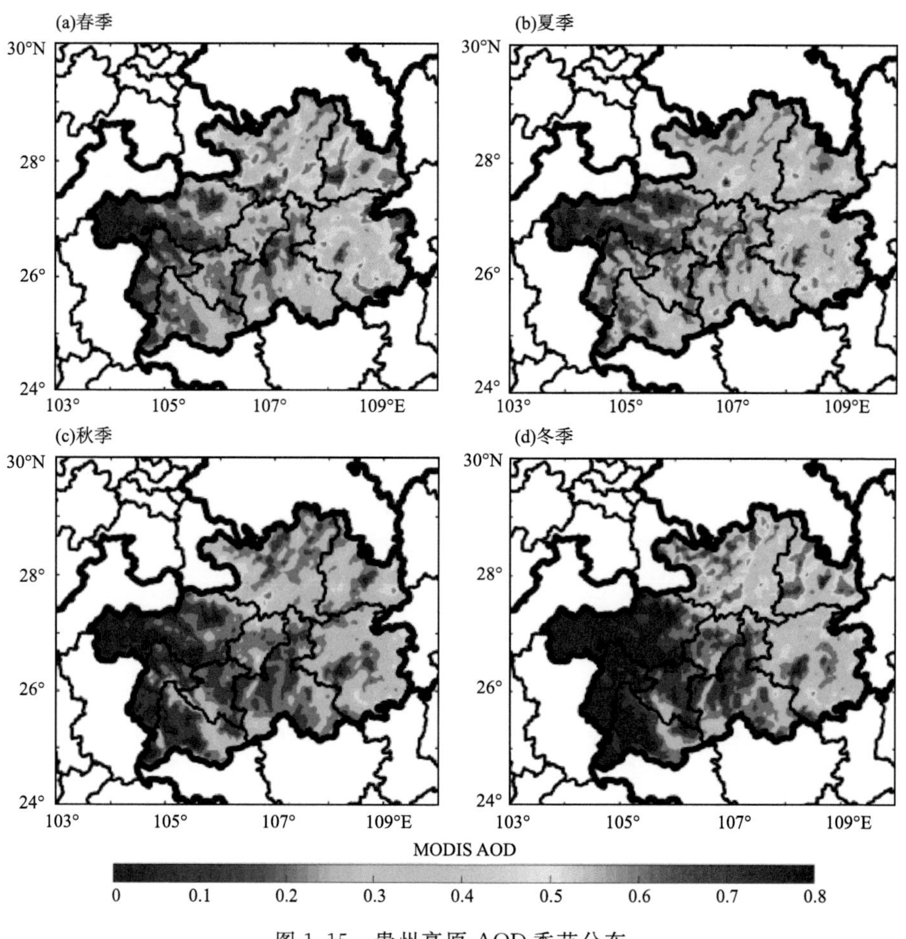

图 1.15　贵州高原 AOD 季节分布

1.5.3　MODIS 卫星遥感 AOD 的年际变化特征

图 1.16 为贵州近 16 a 来 AOD 的变化情况。贵州 AOD 年值呈现的下降趋势为－0.059/(10 a)，其中在 2001—2011 年呈波动上升趋势，2011 年以后出现明显下降(通过 95％置信水平)。

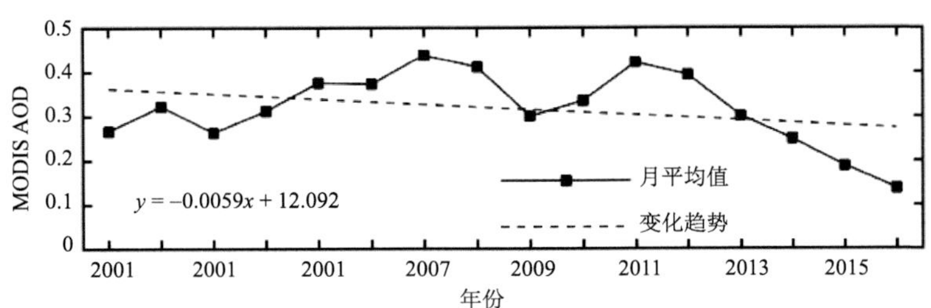

图 1.16　贵州 AOD 年代际变化

第2章 贵州雾的特征

2.1 贵州雾的主要类型

形成雾的环境背景不同，种类和性质也不同，根据形成雾的天气条件，贵州雾主要分为以下3种。

(1)锋面雾：在冷暖空气的交界处常有雾产生，称为锋面雾。锋面雾一般以暖锋附近居多，锋前锋后都可能发生，锋前雾是由于锋面上暖空气内云层中的较暖雨滴落入地面冷空气内，发生蒸发，使空气达到过饱和而凝结而形成的雾；锋后雾则是暖湿空气移至原来被暖锋前冷空气占据过的地区冷却达到过饱和而形成的雾。冬半年，若冷空气的厚度不大，受贵州独特的地形影响，常在省内形成静止锋，中西部地区常出现锋面雾。

(2)辐射雾：由于地面辐射冷却作用使近地面空气层水汽达到饱和，凝结而形成的雾，称辐射雾。它多出现在晴朗、微风而近地层又比较潮湿的夜晚或清晨。辐射雾常在贵州东部河谷低洼地区出现。

(3)地形雾：又称上坡雾，是空气向山坡或地形高处爬升的过程中，由于绝热膨胀，冷却凝结而形成的雾，称为地形雾。在贵州中部一线地势相对较高处常出现地形雾。

2.2 贵州雾的气候特征

2.2.1 资料说明和处理

选取贵州省84个站逐日“雾”天气现象及地面02时、08时、14时、20时4个时次能见度资料，该资料均经过了质量检验。本章规定一天当中任有一时次能见度小于1 km，定义为一个雾日。

我们选择了8个地州市所在地及贵阳市为代表站作详细的分析，这9个代表站分别是：贵阳、遵义、铜仁、凯里、都匀、安顺、兴义、水城、毕节。

为了分析雾的变化趋势，使用线性倾向估计方法(魏凤英，1999)，用 y_i 表示逐年雾日数，x_i 表示与之对应的逐年年份，建立 y_i 与 x_i 之间的一元线性回归方程：

$$y_i = a x_i + b \ (i = 1,2,\cdots,n) \tag{2.1}$$

式中,回归系数 a 表示雾的趋势倾向,$a>0$ 说明 y_i 随时间 x_i 的增加呈上升趋势,$a<0$ 说明 y_i 随时间 x_i 的增加呈下降趋势,同时 a 值的大小反映上升或下降的速率。

2.2.2 时间变化特征

2.2.2.1 雾的日变化特征

利用9个代表站每天观测的4次能见度资料,统计4个时次雾发生的频率,进行日变化特征分析,图2.1为1961—2004年代表站雾的发生频率日变化,从图中可看出,一天中,每个站08时发生雾的频率最高,各站平均频率为76.3%,而02时发生雾的平均频率最低,为5.1%;各站一天中出现频率存在一定的地区差异,表现为西南部城市频率日变化差异明显小于其余城市,这可能跟贵州省冬半年常有静止锋维持在省西南部,而形成锋面雾有关,以安顺最为特殊,虽然发生雾的频率最高也在08时,但一天中4个时次出现雾的频率相差不大,昼夜变化不明显。

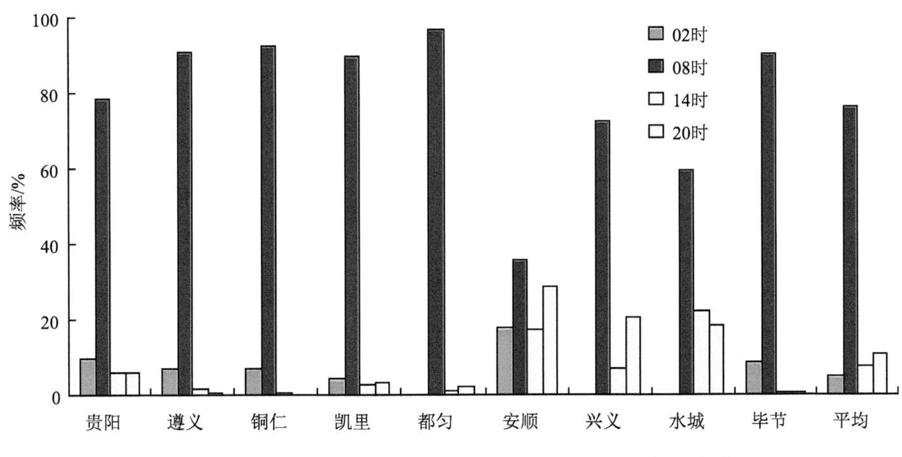

图2.1 1961—2004年9个代表站雾的发生频率日变化

2.2.2.2 年平均雾日的变化特征

从贵州省84站1961—2017年平均雾日数的逐月分布可看出(图2.2),贵州省雾主要集中在冬半年(10月—次年3月),即深秋到初春,以12月和1月雾日最多,其次为11月,2月、3月、10月雾日相当;5—7月是雾相对较少的月份,月平均雾日均不足2 d,7月最少。

从贵州省1961—2017年平均雾日数不同季节地区分布可看出(图2.3),一年中以冬季雾日数最多,春秋季次之,夏季雾日数最少。冬季大于20 d的站数共有6站,主要分布在贵州西部及中部一线地势高处;冬季约1/2的时间,云贵高原有准静止锋存在(段旭 等,2004),利于锋面雾的形成;春秋季多雾中心较为相似,主要分布在中部一线地势高处;夏季雾日无站点超过20 d,相对多雾区主要位于东部地势高处,研究表明夏季副高多年平均脊线位置在24°N、西伸脊点在123°E、北界位置在30°N(赵振国,1999),而贵州东部正处于副高西部边缘,副高带来的暖湿气流,易在冷的陆地上产生雾(刘开宇,2006)。

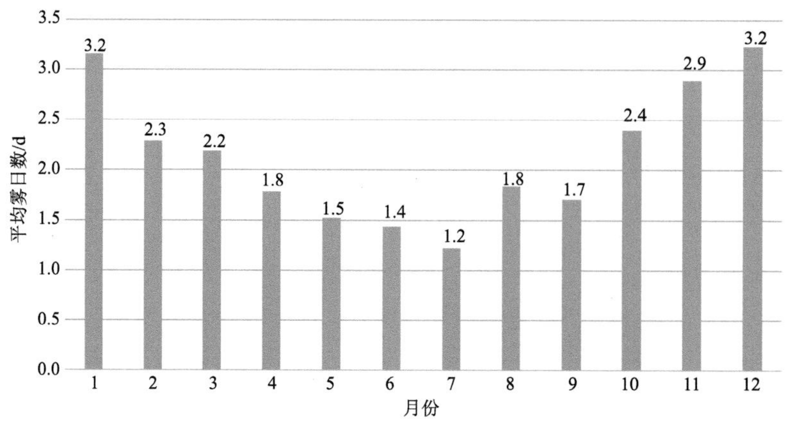

图 2.2　1961—2017 年贵州 84 站平均雾日数年变化趋势

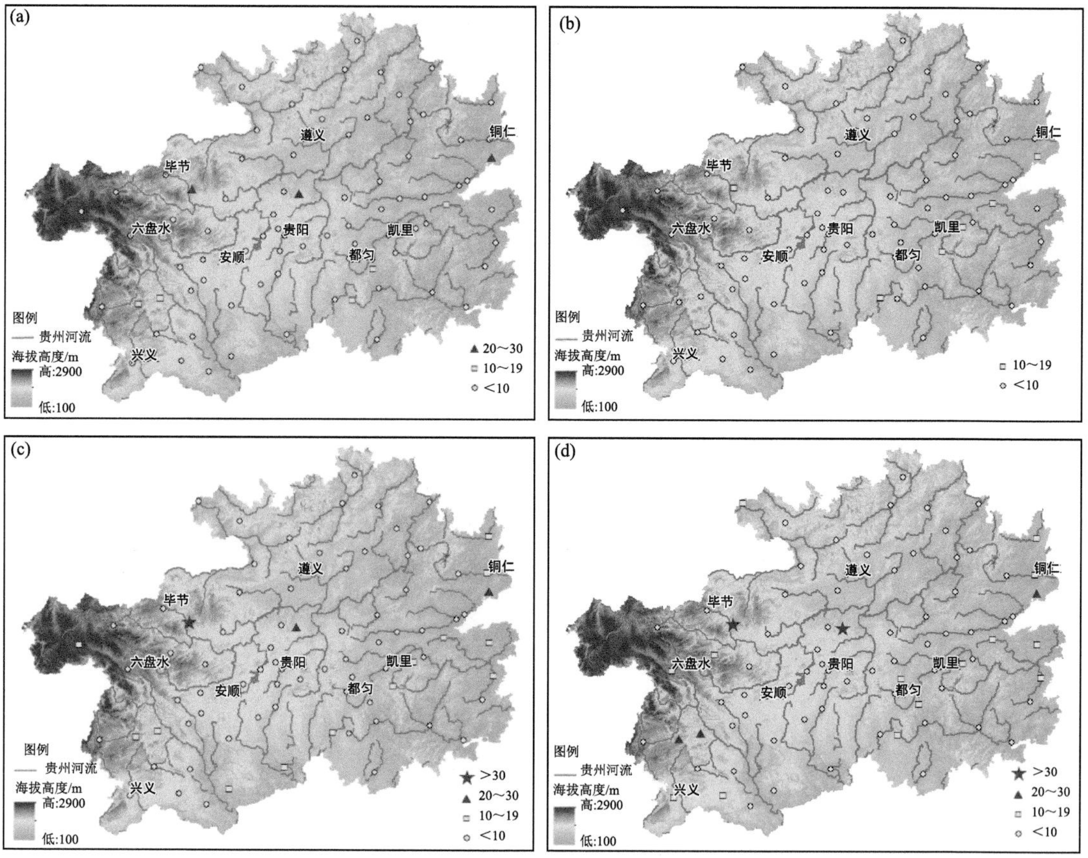

图 2.3　贵州省地形、主要河流和不同季节雾日地区分布（单位：d）

(a)春季；(b)夏季；(c)秋季；(d)冬季

从贵州 9 个代表站雾日的月分布来看（图 2.4），位于西部城市的兴义、水城和安顺的雾日数年变化差异较为显著，1—5 月呈逐渐下降趋势，6—9 月维持在低值区，而毕节与同为西部城市雾日的年变化特征不同，逐月起伏不大，冬季月份雾日相比同区城市明显偏低，并且夏季 6—8 月有小幅度的上升，至 8 月与同区城市的雾日相当；贵州东北部的铜仁雾日数季节变化较为特别，全年有两个明显的峰值，分别出现在 11 月和 5 月前后；其余 4 个城市雾日数最多出现在冬季 12 月或 1 月，都匀、凯里分别在 3 月和 5 月有一个次峰值，各地 8 月也同时存在弱峰值；另外，同为北部的铜仁和遵义、西部的水城和安顺雾日数年变化特征有所差异，铜仁全年每个月的雾日数均高于遵义，水城和安顺雾日数最多均出现在 1 月，但数值相差较大，安顺雾日最少出现在 8 月，但水城却在 8 月呈现为次峰值，由此说明，贵州各地雾日的年变化具有不规律性，局地性特征显著。

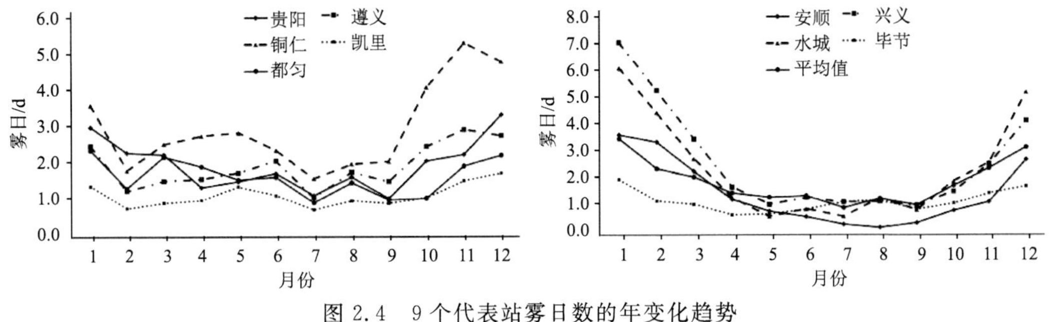

图 2.4　9 个代表站雾日数的年变化趋势

2.2.3　空间分布特征

图 2.5 为贵州省 1961—2017 年平均雾日数分布图，雾的分布并不具有很强的规律性，年平均雾日在 30 d 以上的地区分布不均，主要位于铜仁地区东部边缘、黔东南清水江流经地、黔南州南部局部、黔西南州北部和西南部、毕节市局部(大方、威宁)、贵阳市局部(开阳)等地。年平均雾日在 60 d 以上的地区较为分散，主要分布在地势相对较高的地区，包括东部的万山、中部的开阳，以及西部的大方、普安和晴隆。

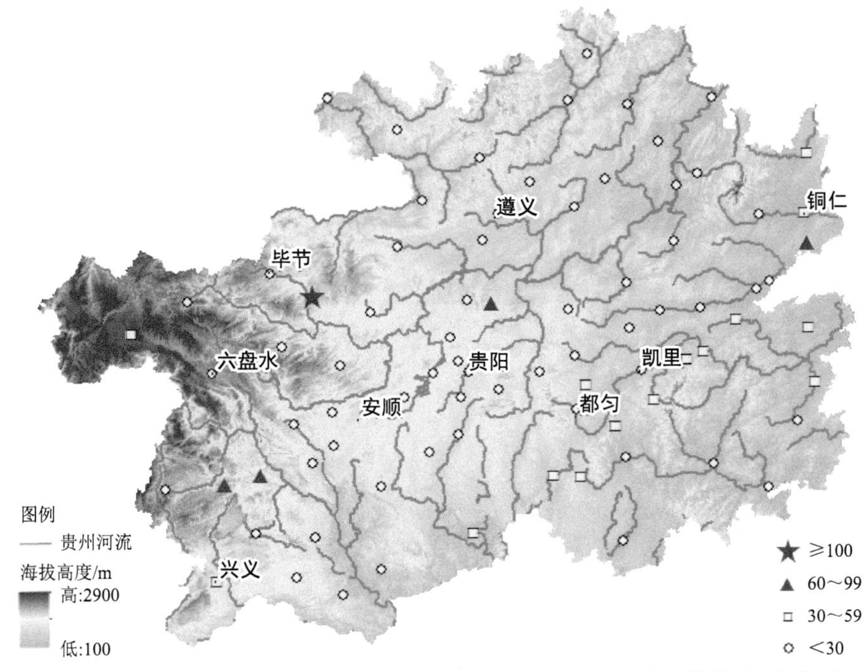

图 2.5　贵州省地形高度、主要河流以及 1961—2017 年平均雾日数分布(单位：d)

2.3 贵州锋面雾的特征

规定一个锋面雾日是指当日有水平能见度低于 1000 m，并且贵州有静止锋存在。根据水平能见度的大小，将锋面雾细分为 4 个等级，水平能见度在 500～1000 m(含)的为雾(1 级)；水平能见度在 200～500 m(含)的为大雾(2 级)，水平能见度在 100～200 m(含)的为浓雾(3 级)，水平能见度低于 100 m(含)的为特浓雾(4 级)。挑选 2008—2012 年贵州 84 个站点的锋面雾雾日，统计分析锋面雾的影响系统，分析不同季节不同级别雾与气象要素的关系，以及锋面雾的时空分布特征。

2.3.1 锋面雾的空间分布特征

根据贵州省 2008—2012 年锋面雾年平均雾日分布来看(图 2.6)，锋面雾主要分布在中部以西，各地雾日差别明显：东部除万山外的大部分地区年平均雾日都少于 1 d；锋面雾有明显的多发中心，在大方、开阳、丹寨、晴隆和普安一带年平均雾日在 30 d 以上，大方年平均锋面雾日最多(80 d)。

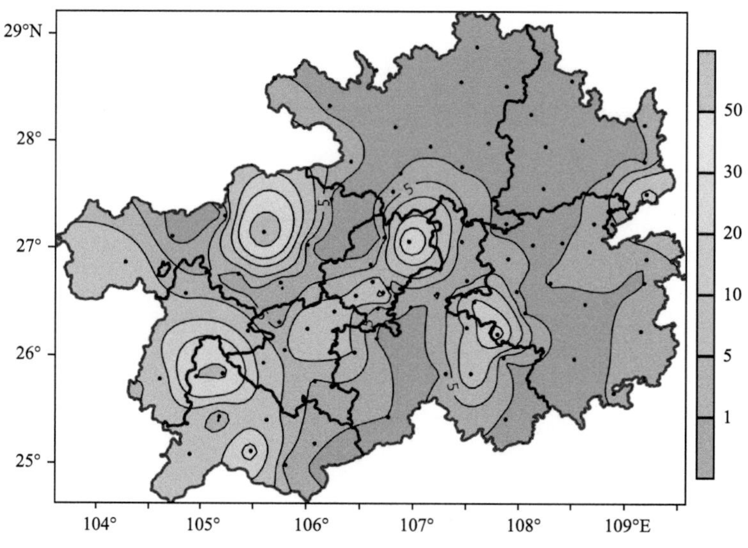

图 2.6　贵州省 2008—2012 年锋面雾年平均雾日分布(单位：d)

锋面雾的年变化较大：1 月为高峰，频次接近 55%，雾日 16.4 d，即 1 月一半以上都有锋面雾影响；12 月、2 月和 10 月发生也较频繁，7 月为低谷。这与滇黔静止锋的季节性特征相符。

将云贵准静止锋按所处位置从西到东分为四型(图 2.7)。分析各型静止锋对应的锋面雾年平均雾日，发现Ⅱ型和Ⅲ型静止锋影响下的锋面雾较多，占 65.5%，其中Ⅲ型最多(37.9%)。Ⅱ型和Ⅲ型静止锋影响下，锋面雾出现的区域非常相似，但Ⅲ型的大值中心随锋面北抬而偏北。Ⅳ型锋面雾的分布区域与其他型有所区别，多雾区位于锋前（除万山），主要因为Ⅳ型静止锋时锋面多趋于减弱，使得锋面附近的雨雾不多，而是以锋前受到加强的暖湿气流影响出现大片锋面雾（平流雾）为主，所以其出现雾的区域有所不同。总的来看，锋面雾发生区域与锋面位置对应较好，多在锋后及锋区附近。

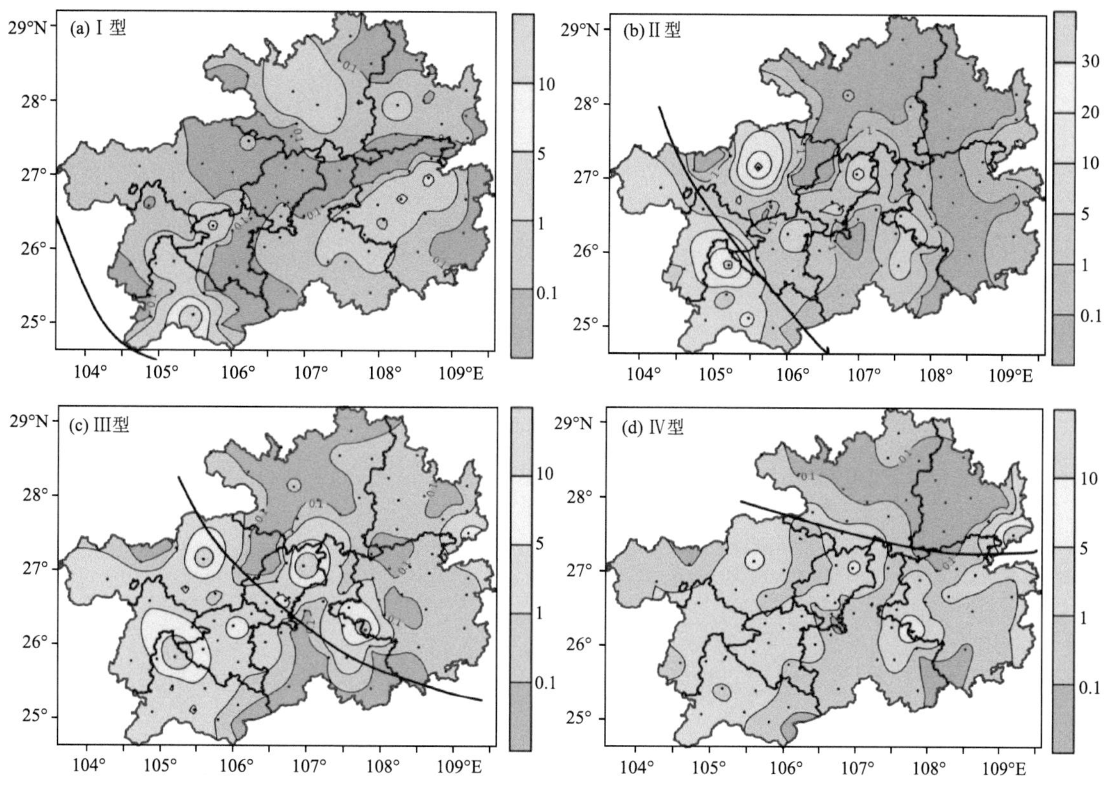

图 2.7　各型锋面对应的锋面雾年均雾日分布（单位：d）

2.3.2　锋面雾的气象要素特征

统计锋面雾发生前一日 14 时、20 时和当日 08 时（雾发生时）的气象要素特征。由于所选年份锋面雾发生 4 级的概率很小，没有统计意义。

2.3.2.1　锋面雾与温度

当气温与露点温度一致时，空气中的水汽就会凝结，因此温度是形成雾的一个重要因子。除了几个特征时次的温度，还将最低温度也作为研究对象。

从各特征时次的温度分布来看（图 2.8），无论哪个季节，最低温度在各等级锋面雾之间的差异最明显：随着能见度等级升高（能见度更低），最低温度更低。春秋季温度较高，3 级锋面雾最低温度多在 4～8 ℃，相比 1 级、2 级锋面雾偏低 4～8 ℃。冬季不同等级锋面雾之间的差别较小，主要因为冬季温度偏低、温差小，但最低温度仍较为集中，多在－2～4 ℃。各特征时次的温度在不同等级锋面雾之间差异不如最低温度的显著，甚至在冬季，3 级锋面雾起雾时（当日 08 时）的温度高于 1 级、2 级锋面雾的。

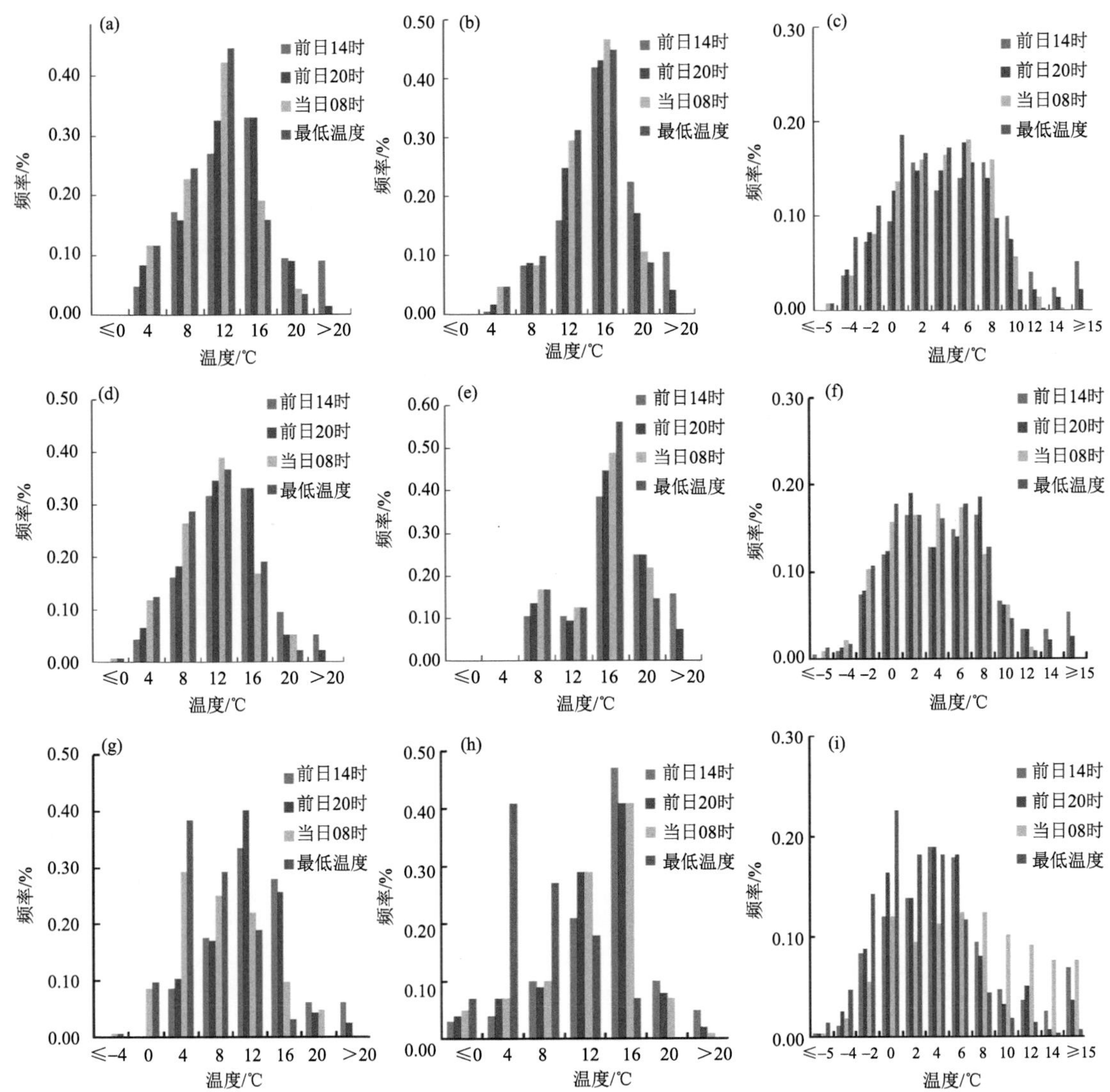

图 2.8　不同季节各等级能见度之间特征时次的温度频率分布

(a)—(c)1 级春季、秋季、冬季；(d)—(f)2 级春季、秋季、冬季；(g)—(i)3 级春季、秋季、冬季

分析 20—次日 08 时的 12 h 变温区间发生雾的频率(图 2.9)，变温在－2～1 ℃时各等级锋面雾发生的频率最大，1 级、2 级、3 级分别为 82％、83％、76％，说明夜间较稳定的温度对锋面雾发生有重要作用，强烈的升温和降温均不利于锋面雾的形成。

2.3.2.2　锋面雾与相对湿度

从特征时次的相对湿度频率来看(图 2.10)，1 级锋面雾出现在前一日 14 时、20 时相对湿度为 80％以上的频率分别为 62％、84％；2 级锋面雾分别为 70％、86％；3 级锋面雾分别为 74％、90％。各级锋面雾发生时(08 时)相对湿度基本都在 90％以上，1 级锋面雾的相对湿度均值略小于 2 级、3 级，但差别也不大。前日特征时次的湿度在各等级之间的差别较当时(08 时)的更明显。从各季节锋面雾发生时的相对湿度来看，各季节都在 90％以上，秋季相对湿度 100％的比例明显更高，在相对干燥的秋季，相对湿度对起雾的指示意义更明显。

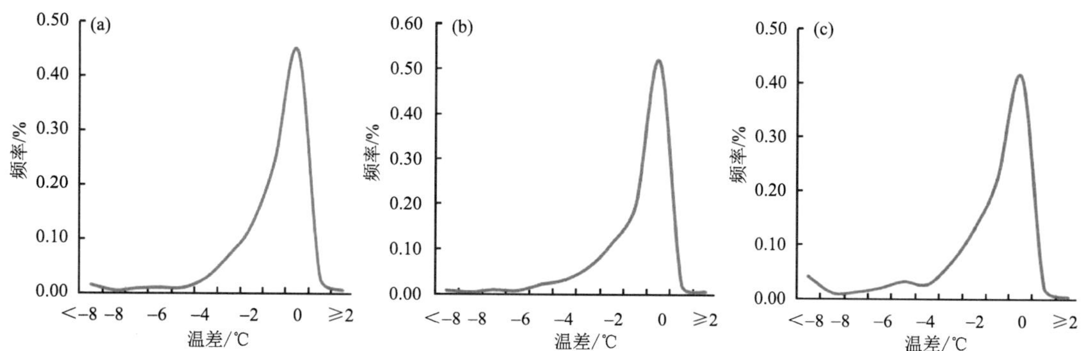

图 2.9　锋面雾频率及 12 h 温差分布

(a)1 级；(b)2 级；(c)3 级

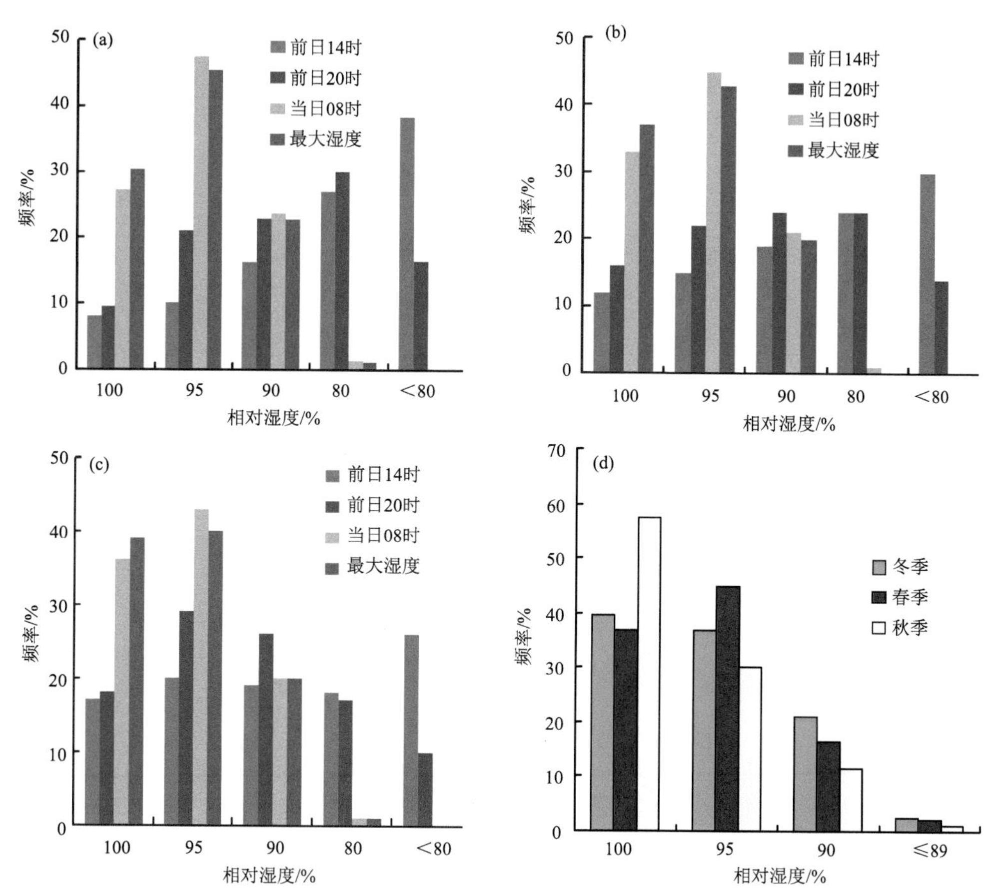

图 2.10　锋面雾发生时的相对湿度频率分布

(a)1 级；(b)2 级；(c)3 级；(d)各季节

2.3.2.3　锋面雾与风场

分析发生锋面雾时(08 时)的风速，1 级、2 级、3 级锋面雾风速最大频率在 1.1～2 m/s，所占频率分别为 37%、36%、39%；其次为 0.1～1 m/s，频率分别为 32%、34%、33%；风速小于或等于 3 m/s 时出现 1 级锋面雾、2 级锋面雾、3 级锋面雾的频率分别为 93%、95%、95%，因此较小的风速有利于雾形成；锋面雾发生时的风向，1 级锋面雾、2 级锋面雾、3 级锋面雾中静风出现的频率分别为 13%、14%、15%，各级雾中出现偏东风的频率最大，依次为 56%、50%、56%（图 2.11a）。

冬季、春季、秋季锋面雾发生时（08 时）的风速最大频率在 1.1～2 m/s，分别为 39%、35.2%、37%，其次在 0.1～1 m/s，分别为 31%、34.8%、34%，90%以上的风速都小于 3 m/s（图 2.11b）。从 08 时的风向上看，冬季、春季、秋季静风出现的频率分别为 14%、14%、16%，1 级锋面雾、2 级锋面雾、3 级锋面雾出现偏东风的频率最大，分别为 53%、54%、44%。

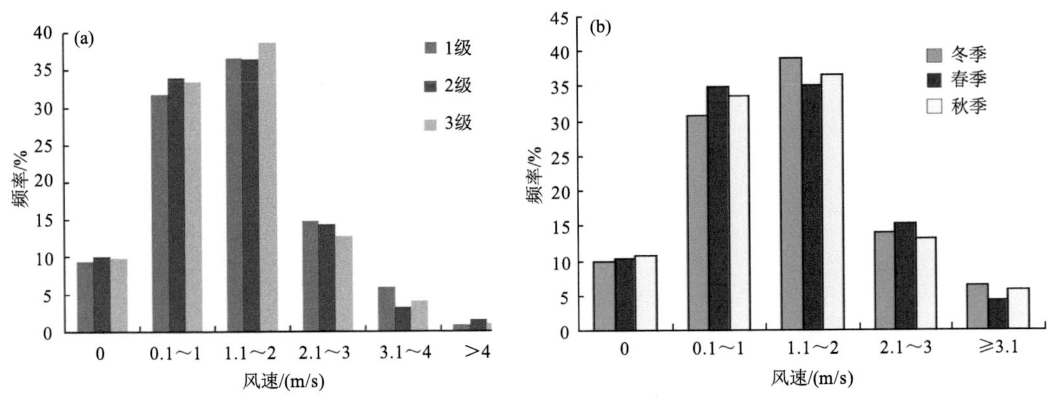

图 2.11 各等级(a)和各季节(b)锋面雾发生时的风速频率

2.3.2.4 锋面雾与本站气压

锋面跟气压有密切的关系，锋面雾各特征时次的本站气压基本都在 850～899 hPa。从变压情况可以大致了解锋面的移动和强弱。从 08 时 24 h 变压来看（图 2.12），各级锋面雾的变压大多（90%以上）都在－6～2 hPa，区间在－1～1 hPa 的频率最大，其分布规律相似。可见稳定或东进减弱的静止锋利于锋面雾的形成，但变压在各等级锋面雾之间的差别不明显。

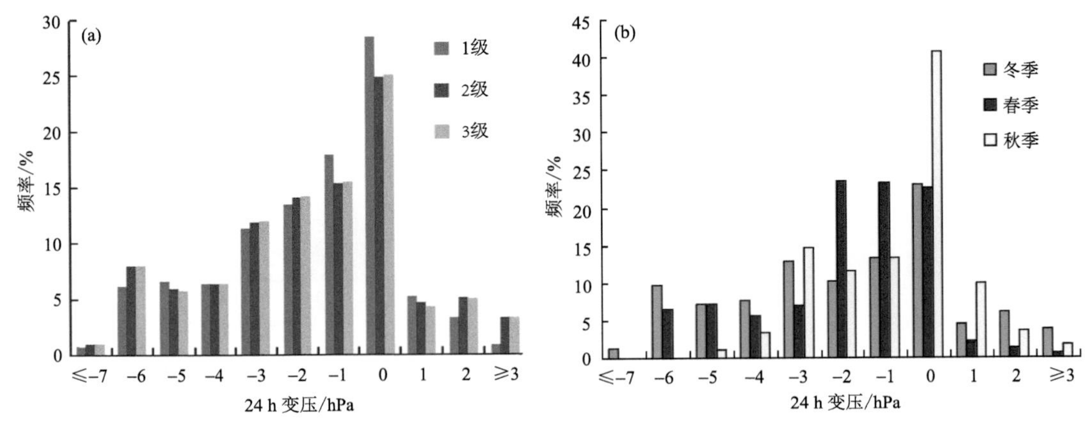

图 2.12 各等级(a)和各季节(b)锋面雾发生时的 24 h 变压频率

各季节期间的锋面雾变压有所区别。锋面雾冬季 24 h 变压区间在－6～0 hPa 的分布较平均，春季集中在－2～0 hPa、秋季变压在 0 hPa 时频率有一个明显峰值，多集中在－4～1 hPa。可见冬季静止锋减弱情况下形成的锋面雾较多，冬季气温较低，锋面减弱多因偏南暖湿气流的加强，为锋面雾形成提高了条件。而春秋季更多是锋面稳定的情况下形成锋面雾，春秋季冷空气活跃，往往在贵州诱生静止锋，在锋后维持阴雨天气而形成雨雾。

2.3.2.5　锋面雾与降水

锋面雾发生前12 h内均有(92%)不同程度的降水，在0.01～1.0 mm的频率最大(50%左右)。各级别锋面雾的前12 h降水之间差别较小，基本都是随着降水的增大出现雾的频率减少，但3级锋面雾降水量在3 mm以上的频率较其他等级高。弱降水可增加空气湿度，利于雾的发生，但也难以作为各等级锋面雾之间的区分因子(图2.13)。

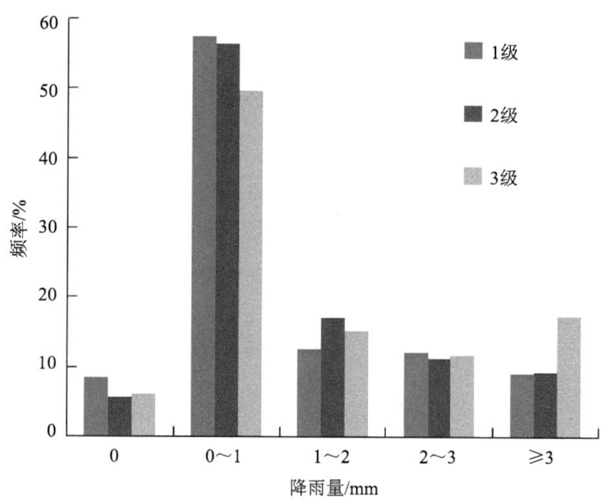

图2.13　各等级锋面雾发生前12 h降水频率

2.3.3　锋面雾过程环流分型及影响系统

锋面雾过程的定义：08时或20时地面天气图上出现锋面雾，且全省有10个站次以上能见度不高于1000 m，为一次锋面雾过程。选取1995—2010年16 a共76次的锋面雾过程进行环流形势的分析。分析所用资料为NCEP 2.5°×2.5°的日平均数据，高空、地面常规观测资料及地面加密报观测资料。

2.3.3.1　锋面雾过程环流分型

分型经纬度范围：40°—140°E、40°—70°N。经统计主要有以下四种环流形势：多槽脊型、两槽一脊型、横槽型、一槽一脊型。其中多槽脊型发生次数为34次，占总数的45%；两槽一脊型发生次数为26次，占总数的34%；横槽型有10次，占总数的13%；一槽一脊型有6次，占总数的8%；多槽脊型和两槽一脊型为贵州区域性静止锋雾的主要环流形势，占总数的79%。

(1)两槽一脊型

500 hPa欧亚地区呈经向型，巴尔喀什湖到贝加尔湖之间为一高压脊，其两侧为低槽，主要锋区位于105°E以东，环流经向度明显，地面冷高压长轴呈南北向，或有弱冷空气补充南下。中低纬在80°—100°E附近多有高原槽或南支槽稳定存在。

(2)多槽脊型

500 hPa特征表现为欧亚中高纬多移动性短波槽脊活动或者气流较为平直多波动，冷空气主体偏北或者偏东，南下势力较弱。

(3)横槽型

乌拉尔山地区为一脊，亚洲西部或新疆、蒙古国一带为横槽或低压，亚洲地区环流平直，横槽内有冷空气不断堆积，地面冷高压不强，长轴呈东西向。

(4)一槽一脊型

500 hPa 中高纬以经向型为主。表现为乌拉尔山附近为一长波脊，贝加尔湖以东为低槽，环流经向度明显，地面有冷高压配合，在高空偏西南气流控制下，地面仍不断有冷空气补充南下。

2.3.3.2 地面静止锋位置

云贵高原地处青藏高原的东南侧，但云贵两省的地形有很大差异。云南总的地势特征是北高南低，大致由西北向东南呈阶梯状递降。滇东地貌主要呈低山丘陵形态，平均海拔在 2000 m 左右。秋冬季影响贵州的冷空气，往往由海拔高度较低的东北路径和海拔高度较高的偏北路径进入贵州，由于贵州的海拔高度整体低于云南，受地形的阻挡，冷空气有时很难翻越高山，进入云南中部，这使得在云贵间经常形成一条准静止锋。翻阅历史地面图和地面加密站天气图，本节将影响贵州区域性锋面雾过程的云贵静止锋按锋面位置的差异分为两型(图 2.14)。Ⅰ型静止锋位于云贵之间，贵州大部处在静止锋锋后(威宁可能在锋前)，共 48 次，占过程总数的 63%。Ⅱ型静止锋位于贵州西南部，贵州西部的六盘水市、毕节市中西部、安顺市南部和黔西南州西部处在静止锋锋前，贵州中东部地区处在静止锋锋后，有 28 次，占过程总数的 37%。

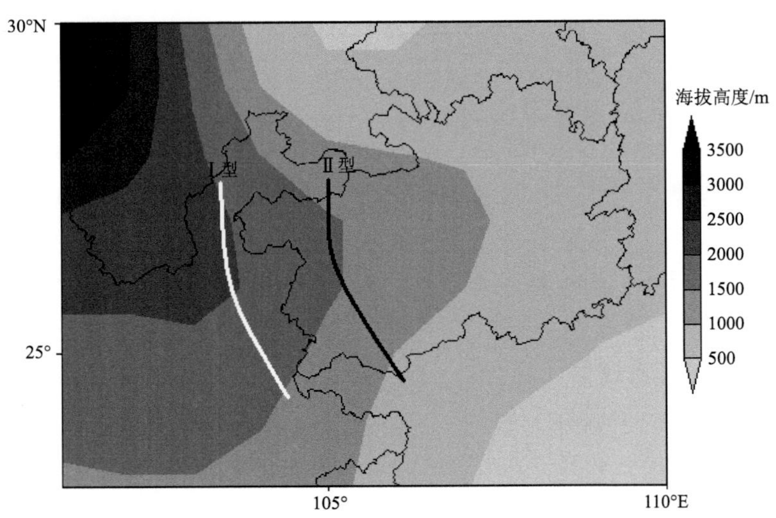

图 2.14 影响贵州区域性锋面雾的云贵静止锋分型及贵州海拔高度分布

(1)Ⅰ型静止锋

这种形势下，静止锋位于云贵交界的地方。贵州全省多为阴天有小雨天气，全省大部为北风或东北风(图 2.15)。

(2)Ⅱ型静止锋

冷高压已经减弱或东移入海，静止锋北抬到贵州西南部—中部一带(贵阳附近)，在云南东

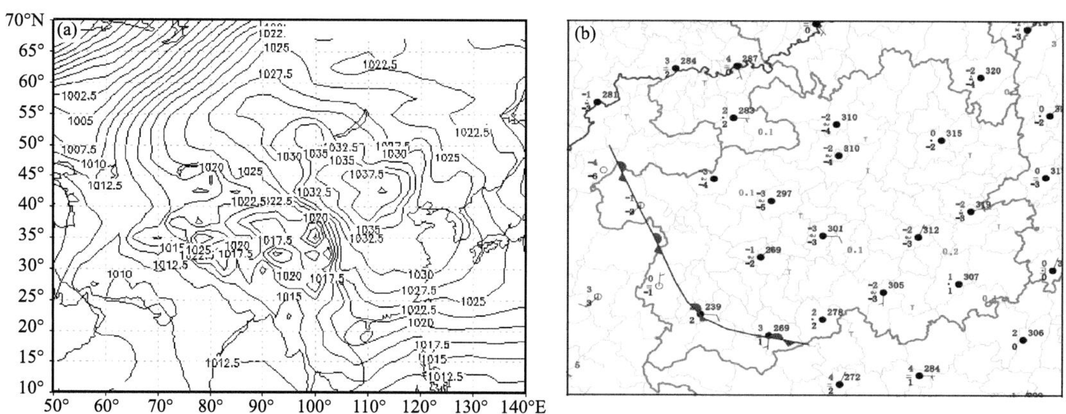

图 2.15　2000 年 2 月 2 日海平面平均气压场(a)及 08 时地面加密观测(b)

部有低压向东发展。这种形势下，贵州东部(或中东部)处于锋后，为偏东北风控制，往往为阴天或阴天有小雨，中西部转为偏南风，白天为阴天间多云或阴天，但夜间静止锋活跃，往往有微量降水出现。东西部温差明显(图 2.16)。

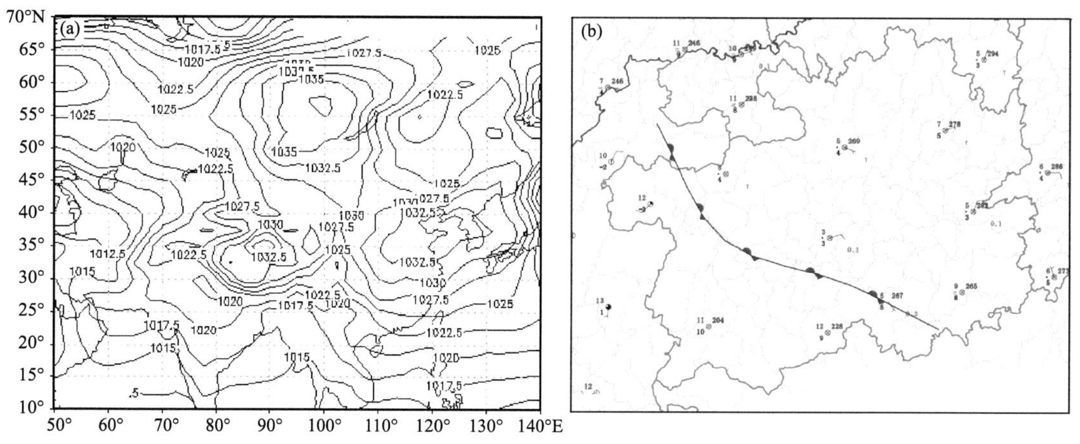

图 2.16　2004 年 1 月 8 日海平面平均气压场(a)及 20 时地面观测(b)

2.3.3.3　锋面雾影响系统

500 hPa 天气图上，100°E 或以西出现南支槽有 51 次，占总数的 67%；无南支槽有 25 次，占总数的 33%。贵州上空的影响系统主要分为 4 种：受高原槽影响，有 20 次，占总数的 26%；贵州受西南或偏西气流控制，且风速在 20 m/s 以上，有 48 次，占总数的 63%；贵州受西南气流影响，但风速小于 20 m/s 的仅有 3 次，占 4%；受弱西北气流影响的也仅 5 次，占总数的 7%。在 100°E 或以西无南支槽存在的个例中，有 56%受高原槽影响，16%受 20 m/s 以上的偏西气流影响。

700 hPa 天气图上贵州受切变线影响的仅有 7 次，占总数的 8%，另外 69 次，92%的个例贵州受西南或偏西气流影响，这其中风速在 16 m/s 或以上的西南或偏西气流影响的有 40 次，占 58%；风速在 12～16 m/s 的有 20 次，占 29%；风速在 12 m/s 以下的仅有 9 次，占 13%。

850 hPa 天气图上，贵州南部切变线存在的有 28 次，占总数的 36%；贵州主要受偏南气流影响的有 47 次，占 62%，这其中可能存在川南有弱切变线的情况；而受偏北气流影响的仅有 1 次。

综上，区域性锋面雾过程发生时 500 hPa 上空 67%的过程在 100°E 或以西出现南支槽；无南支槽出现时贵州上空多受高空槽或高原槽影响，当高空槽影响贵州时使地面静止锋活跃，在锋面附近易出现雨雾。另外 63%的过程贵州上空为 20 m/s 或以上的西南或偏西气流控制，这表明 500 hPa 上空暖湿气流强盛，贵州上空水汽输送充足。700 hPa 上空 87%的锋面雾过程出现 12 m/s 或以上的西南或偏西气流，强盛的西南暖湿气流为贵州上空提供了充足的水汽。850 hPa 上贵州上空主要为偏东或偏南气流控制，并伴有切变线。

由此可见，南支槽、高原槽、西南暖湿气流、低层切变、地面静止锋是锋面雾天气的主要影响系统。

2.3.4 天气学模型

综合区域性锋面雾过程的分析，给出锋面雾过程的典型高低空配置结构(图 2.17)。500 hPa 上空在 95°E 附近南支槽存在，贵州主要受槽前西南气流控制，这有利于水汽的向南输送；700 hPa 在云南—贵州—湖南一线有西南急流，贵州受强盛的西南气流影响，水汽丰富；850 hPa 在贵州主要受偏南气流或切变系统影响。

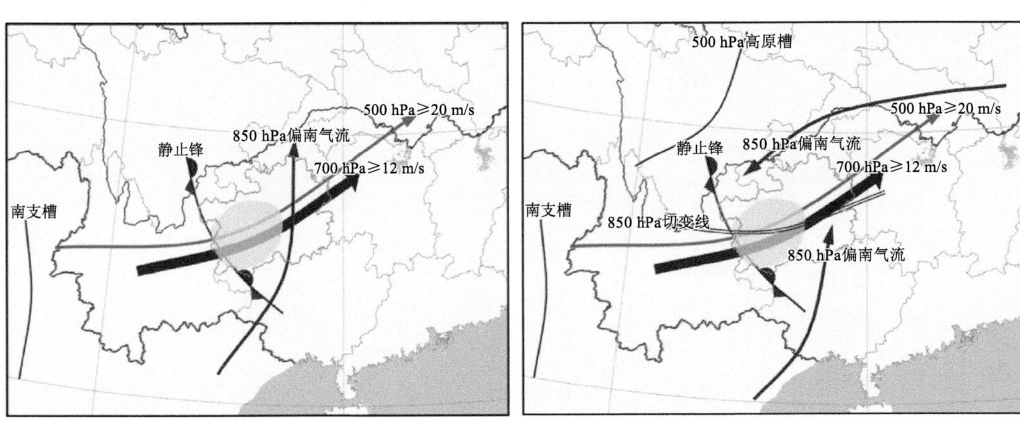

图 2.17 锋面雾过程的两种典型配置

2.4 贵州辐射雾的特征

通过对 2008—2012 年贵州 08 时能见度资料及地面天气图的查询，选出辐射雾 3646 站次，按照能见度大小分 4 个等级，水平能见度在 500～1000 m(含)的为雾(1 级)；水平能见度在 200～500 m(含)的为大雾(2 级)，水平能见度在 100～200 m(含)的为浓雾(3 级)，水平能见度低于 100 m(含)的为特浓雾(4 级)，分析辐射雾的时空变化特征。根据各等级辐射雾频发区选取典型辐射雾站点，再选取典型站点的逐日逐时观测气象要素资料包括能见度、气温、相对湿度、风向和风速等，分为夏半年(4—9 月)和冬半年(10 月—次年 3 月)进行分析。由于贵州辐射雾的生成时间一般在 01—08 时，所以本节各气象要素均分析 01—08 时的平均值。

2.4.1 辐射雾的时空分布特征

2.4.1.1 空间分布

辐射雾空间分布呈“东多西少”的格局，其中 4 个高值中心分别为松桃、三穗、平塘和凤冈。对于不同等级辐射雾的空间分布(图 2.18)：4 级雾频发区主要在中部以修文为中心和东部以岑巩为中心的区域；而 3 级雾频发区主要为以三穗为中心的东部、以平塘为中心的南部和以正安为中心的北部；2 级雾在东部的频发中心为三穗，南部的频发中心为平塘，北部的则是凤冈；1 级雾频发区主要在东部以锦屏为中心、南部以平塘为中心和北部以凤冈为中心的三个区域，其中 2 级雾和 1 级雾还有以松桃为中心的频发区。

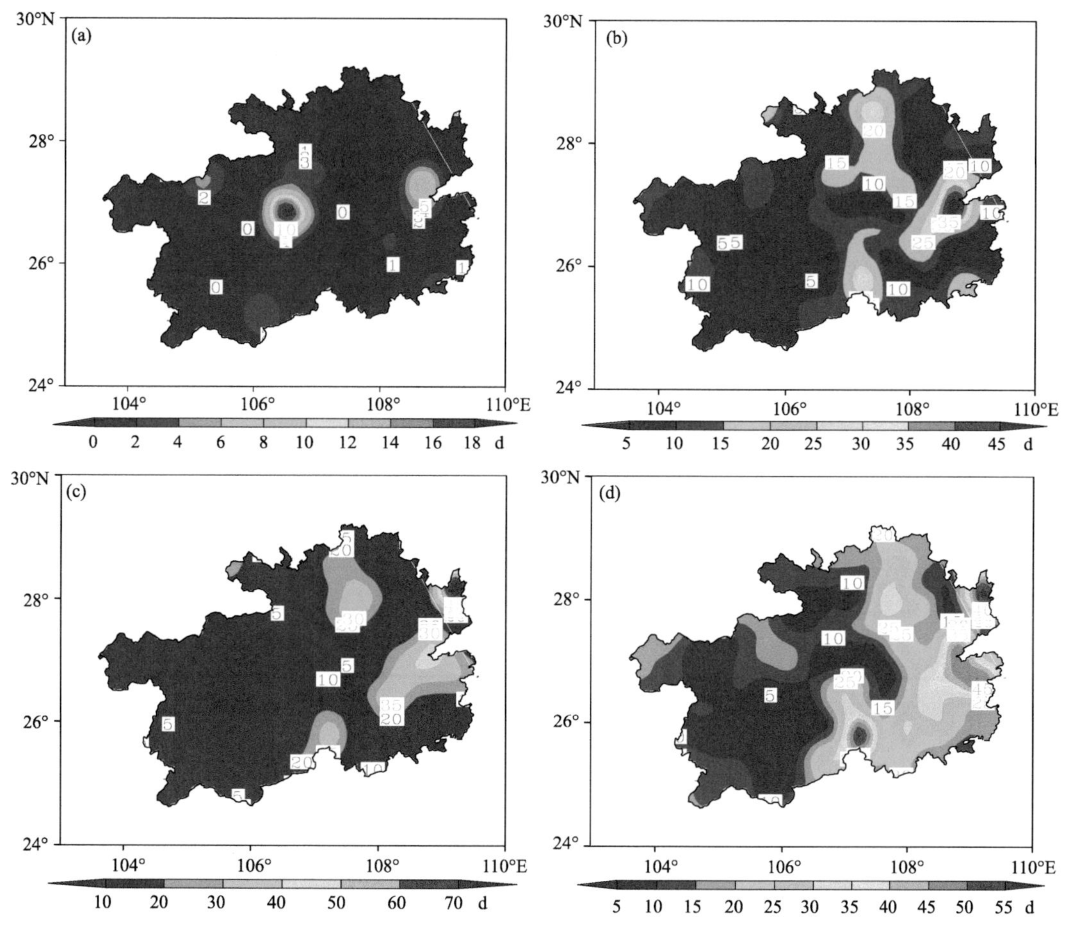

图 2.18 2008—2012 年贵州辐射雾 4 级雾(a)、3 级雾(b)、2 级雾(c)和 1 级雾(d)的空间分布

2.4.1.2 发生规律

2008—2012 年共有辐射雾 3464 站次，不同等级辐射雾所占比例：4 级雾所占比例最小，为

3%(116 站次);3 级雾发生比例为 26%(934 站次);2 级雾发生比例为 32%(1156 站次);1 级雾的比例为 39%(1440 站次)。可见随着等级越高,发生频次越低,但 2 级、3 级雾所占比例较高。

从各等级辐射雾的年际变化,可见贵州辐射雾主要发生在每年 10 月至次年 1 月和 6 月,2—5 月和 7—9 月发生较少,其中 11 月发生频次最高,7 月发生频次最低。不同等级辐射雾在每个月的分布情况略有不同:4 级雾与 3 级雾主要发生在 10 月一次年 1 月,而 2 级雾不仅在 10 月一次年 1 月发生较多,在夏半年的 4—6 月也相对频次较高;1 级雾主要发生在 8—12 月,4—6 月也相对较多,尤其是 6 月与 10 月的频次相当。

2.4.1.3 典型站的选取

挑选修文站、三穗站和凤冈站 3 个站为辐射雾典型站进行分析。其中修文站位于贵州省中部,海拔 1242 m;三穗站位于贵州省东部,海拔 611 m;凤冈站位于贵州省北部,海拔 711 m。2008—2012 年典型站各等级辐射雾次数分布见表 2.1。夏半年,修文站 4 级雾、3 级雾和 1 级雾均在 8 月较多,2 级雾却主要在 6 月出现,其中 4 级雾出现总次数比其他等级多。三穗站 4 级雾天气出现很少,仅在 4 月、6 月、8 月各出现 1 次,3 级雾和 1 级雾天气主要出现在 9 月,2 级雾在 8 月出现较多,其中 1 级雾累计次数最多,2 级雾其次,为 31 次,3 级雾较少,为 17 次。凤冈站的 1 级雾和 2 级雾均在 6 月出现较多,且累计次数也差距较小,3 级雾出现较少,4 级雾没有发生。

冬半年,修文站 4 级雾最多出现在 11 月,3 级雾主要出现在 10 月,2 级雾仅在 11 月出现过 1 次,1 级雾出现次数也很少,其中 4 级雾总次数最多。三穗站的 4 级雾天气出现也很少;3 级雾和 2 级雾均主要出现在 11 月,1 级雾在 10 月、12 月发生较多,其中 3 级雾的总次数最多。凤冈站没有出现过 4 级雾,3 级雾主要出现在 12 月,2 级雾在 11 月出现较多,1 级雾在 10 月出现较多,其中 2 级雾总次数最多。

表 2.1 2008—2012 年贵州修文站、三穗站和凤冈站各等级辐射雾次数

	修文站				三穗站				凤冈站			
	4 级	3 级	2 级	1 级	4 级	3 级	2 级	1 级	4 级	3 级	2 级	1 级
夏半年	14	12	6	4	3	17	31	35	0	4	18	17
冬半年	18	9	1	3	2	50	14	18	0	11	25	21

2.4.2 辐射雾的气象要素特征

选用 2008—2012 年 3 个辐射雾典型站的逐日逐时观测气象要素资料,包括能见度、气温、相对湿度、风向和风速等,分夏半年(4—9 月)和冬半年(10 月一次年 3 月)进行分析。贵州辐射雾的生成时间一般在 01—08 时,所以本节各气象要素均分析 01—08 时的平均值。

2.4.2.1 辐射雾与气温

辐射降温是辐射雾形成的最主要条件之一。统计修文站、三穗站和凤冈站各等级辐射雾当日 08 时与前日 20 时的平均温度差发现:修文站各等级雾的平均温差在夏半年和冬半年为 −6～−4 ℃,全年均是 1 级雾的平均温差绝对值最大,2 级雾和 4 级雾之间相差不大;三穗站

和凤冈站在夏半年和冬半年的平均温差均表现为雾等级越高，温差绝对值越大，其中三穗站在－6～－4 ℃，而凤冈站在－5～－4 ℃。

夏半年三个站点在01—08时各等级雾对应的平均温度变化趋势基本一致，其中修文站和三穗站气温在01—07时逐渐下降，08时开始上升；而凤冈站在01－06时逐渐下降，在07时就开始上升。修文站平均温度在13～16 ℃，不同等级雾之间的温度无明显差异；三穗站各等级雾的温度差异较为明显，由高到低的顺序为1级(18.9～20.3 ℃)、4级(17.5～19 ℃)、2级(16.6～18.2 ℃)和3级(15.8～17.2 ℃)；凤冈站的温度变化在17.9～20 ℃，且2级雾气温最高为18.9～20 ℃，其次为1级雾18.1～19.3 ℃，3级雾最低为17.9～19.1 ℃。

冬半年三个站点在01—07时各等级雾的平均温度均略有下降，下降幅度较为一致，到08时略有回升。修文站在01—08时平均气温在2～9 ℃，且表现为3级雾平均温度最高，1级雾的平均温度明显低于其他等级雾；三穗站在01—08时平均气温在6～10 ℃，4级雾的平均温度比其他等级的雾明显偏高，3级雾和2级雾的平均温度基本一致为最低；凤冈站的平均温度在4.6～9.6 ℃，1级雾平均温度最高(8.1～9.6 ℃)，且明显高于2级雾(4.7～6.4 ℃)和3级雾(4.6～6.4 ℃)。

2.4.2.2 辐射雾与相对湿度

空气相对湿度是雾形成与维持最重要的影响因子之一，湿度越大，湿层越厚，就越有利于雾的形成。夏半年(图略)，三个站点各等级雾在01—07时的平均相对湿度均呈缓慢上升趋势，08时开始趋于平稳。修文站的平均相对湿度在92%～98%，4级雾的平均相对湿度明显高于其他等级雾，为94%～98%，其次为1级雾，2级雾和3级雾的平均相对湿度较为一致；三穗站平均相对湿度在91%～97%，3级雾的平均相对湿度略高一筹为93%～97%，其他等级雾的平均相对湿度大小无明显差异；凤冈站的平均相对湿度由高到低分别为3级、2级和1级，且3级辐射雾的平均相对湿度明显高于其余2个等级。

冬半年(图2.19)，三个站点各等级雾在01—08时的平均相对湿度均呈缓慢上升趋势。修文站的平均相对湿度在89%～97%，4级雾的平均相对湿度略高于其他等级雾，而1级雾略偏低(89%～95.6%)，其他等级雾的平均相对湿度基本一致；三穗站的平均相对湿度在91%～97%，2级雾的平均湿度(94%～97%)明显高于其他等级雾(92%～96.5%)，而其他等级雾的平均相对湿度也基本一致；凤冈站的各等级雾平均相对湿度在93%～97%，1级雾的平均相对湿度(93.9%～96.6%)明显高于其他等级雾，而2级雾和3级雾无明显区别(93.5%～96.2%)。

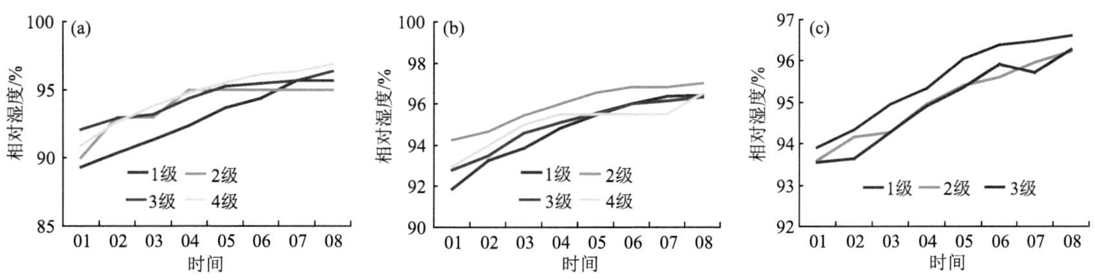

图2.19 2008—2012年修文站(a)、三穗站(b)和凤冈站(c)各等级辐射雾01—08时平均湿度变化

2.4.2.3 辐射雾与风向

夏半年(图略)，修文站的风向在01—07时主要以偏东风为主，08时偏东风比例最大

(25%),其次为东偏南风(19.4%);三穗站在01—07时的风向一致为西风,08时转为东偏南风比例最大(22.1%),其次为东南风(17.4%);凤冈站在01—07时为一致的静风,08时转为偏东风比例最大(28.2%),其次为静风(17.9%)。

冬半年,修文站01—07时主要为偏东风,08时风向偏南风比例最大为29%,其次为东风,所占比例为12.9%;三穗站01—06时偏西风占最大比例,07时西北风比例最大,08时偏东风比例最大为13.1%(修文站和三穗站辐射雾发生时08时风向变化见图2.20);凤冈站(图略)01—08时为一致的静风为主。

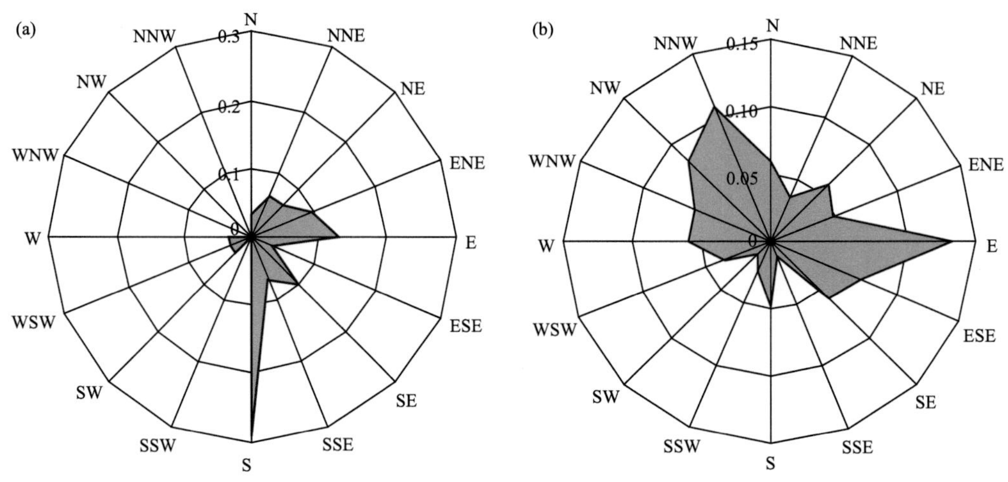

图2.20　2008—2012年修文站(a)、三穗站(b)辐射雾08时风向变化

2.4.2.3　辐射雾与风速

要形成一定强度及一定厚度的辐射雾,还必须有适度的风速进行垂直混合作用,以便形成较厚的冷却层。夏半年(图略),修文站和三穗站两个站点均在01—07时风速维持在较低值,基本无变化,而在07—08时明显增大。修文站01—07时各等级雾平均风速在0.3～1.2 m/s,08时风速小于3 m/s,各等级雾平均风速大小区别不大;三穗站01—07时各等级雾平均风速在0.4～1.0 m/s,08时风速小于2 m/s,4级雾风速明显低于其他等级雾。凤冈站02—08时各等级雾的平均风速均呈上升的趋势,数值基本一致小于1 m/s,但在04—06时各等级雾的风速由大到小依次为1级、2级和3级。

冬半年(图2.21),修文站和三穗站各等级辐射雾的平均风速大小基本一致,且01—07时风速变化不大,08时风速明显上升。修文站01—07时平均风速维持在0.4～1 m/s,08时风速小于2 m/s,三穗站01—07时平均风速维持在0.2～1.2 m/s,08时风速小于1.2 m/s。凤

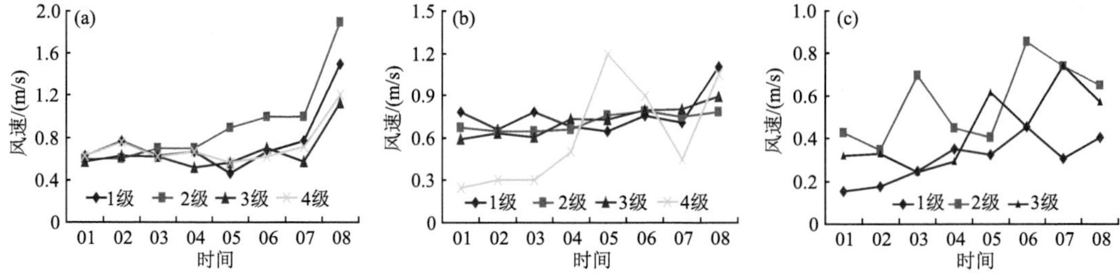

图2.21　2008—2012年修文站(a)、三穗站(b)和凤冈站(c)各等级辐射雾01—08时平均风速变化

冈站各等级雾的风速在 0.1～0.9 m/s,变化虽整体为上升趋势,但起伏较大。

三个代表站均表现为夏半年风速高于冬半年,且修文站风速最大,凤冈站风速最低,这主要因为修文站海拔最高,所以风速相对较大。而凤冈站在很多时段为静风,其垂直混合作用也小,冷却层也较薄,所以在温差和相对湿度基本一致的条件下,多发雾的等级也就偏低。

2.4.3 辐射雾的环流特征

2.4.3.1 地面形势特征

由于辐射雾多发生在近地面层,因此它的形成与地面天气形势关系最为密切,均压场是出现贵州辐射雾的一个共同特征。地面形势场主要有以下 3 种类型。

(1)高压底部型

此类区域性辐射雾天气大多出现在 11 月—次年 1 月,本型出现时中国大陆受庞大的冷高压控制,高压中心位置常位于蒙古国及我国内蒙古地区,30°N 以南等压线稀疏,贵州受高压底部均压场控制(地面以偏东气流为主),本型占总数的 40.9%。

(2)高压后部型

地面高压已东南移入海,强度明显减弱,贵州处在高压后部弱偏南气流中,天气晴好,在夜间晴空辐射效应下,气温下降快,使近地层空气达到饱和,为雾的形成提供水汽条件,本型占总数的 25.8%。

(3)高压减弱型

冷空气已经过境,地面冷高压减弱变性,高压中心主要在贵州境内,少数位于湖南及滇东,贵州受弱高压控制,天气晴好,北风减弱,由于下垫面仍较冷,从而有利于水汽凝结成雾,本型占总数的 20.4%。

2.4.3.2 天气学分析

分析贵州辐射雾发生时欧亚中高纬度区域(40°—140°E、40°—70°N)以经向环流为主,其中两槽一脊占总数的 52.7%(49 次)、两槽两脊占总数的 14%(13 次)、一槽一脊占总数的 9.7%(9 次)、两脊一槽占总数的 8.6%(8 次)、多槽脊占总数的 7.5%(7 次)、夏季型高压坝及青藏高压 5 次,阻塞高压和横槽型 3 次、欧亚纬向型 1 次。

由于贵州出现辐射雾的地面气压场以均压场为主,故以 500 hPa 影响系统对辐射雾进行天气学分型,分为 4 种天气型:西北气流型、西南气流型、副热带高压型、平直西风气流型,如表 2.2 所示,西北气流型是贵州出现辐射雾的主要形势,占总数的 87.1%。

表 2.2 贵州辐射雾天气形势分型

	西北气流型	副热带高压型	西南气流型	平直西风气流型
发生次数	81	5	4	3
占总次数百分比/%	87.1	5.4	4.3	3.2
平均每次雾站次	26.6	23.4	23.3	25.3
最多雾站次	55	28	27	31
发生月份	除 7 月外,都有	8—10 月	11 月、1 月	12 月—次年 1 月

(1)西北气流型

500 hPa 等压面图上,中高纬地区经向环流明显,欧亚上空多呈"两槽一脊"型(占总数的51.9%),高压脊在巴尔喀什湖附近,其两侧为低压槽,中国大陆从新疆到贵州为一致的脊前(有时为强大的青藏高压)西北气流或偏北气流控制,有近一半的个例(37 次)在辐射雾发生的前一日在恩施到西昌附近有短波槽东移,贵州雨后转晴,近地层湿度加大,由于夜间辐射降温有利于雾的形成。在 850 hPa 上多表现为受高压脊或高压环流控制,高压环流中心主要在湖南,部分在四川东部、贵州及两广间。高压环流中心位置与雾区有很好的对应关系,中心在湖南,雾区多在贵州中东部出现;中心在四川东部,雾区大多出现在贵州东部偏北地区;中心在贵州及两广间,雾区以东部及东南部为主。

(2)副热带高压型

500 hPa 等压面图上,副高呈东西带状分布,表现为两种形式:一是副高非常强盛,588 线西伸脊点到达贵州西部,北界位于 35°N 附近,贵州受副高控制;二是副高略有减弱,588 线西脊点位于广西中西部,北界在广西的北部,贵州受 584 线控制;本型出现的 5 个个例中,大雾前期 36 h 内均有微量到小雨量级的降水,增加了近地层的湿度。低层 850 hPa 大多处于高压后部的偏南气流控制,也为近地层输送了水汽。

(3)西南气流型

500 hPa 等压面图上,中高纬经向环流明显,欧亚上空多呈"两槽一脊"型(占总数的50%),在 30°N 以南、90°E 附近存在南支槽,从云南到贵州为一致的槽前西南气流控制,辐射雾当日贵阳 08 时风速大于 18 m/s。850 hPa 为一致的偏南气流,为近地层输送充足的水汽。本型出现时,辐射雾的强度和范围均小于西北气流型。

(4)平直西风气流型

该型只有 3 例,只占总数的 3.2%。在 500 hPa 等压面图上,中高纬欧亚上空均呈"两槽一脊"型,但经向度明显小于西北气流和西南气流型,35°N 以南气流平直,副高较为稳定,北界常位于华南沿海地区,贵州受副高北侧平直的西风气流影响,中低层却多受高压脊后偏南气流控制,为大雾的形成提供近地层水汽条件;700 hPa 有明显的暖脊,有利于此层的增温,温度明显高于近地面层,利于形成稳定逆温层,为辐射雾的形成提供有利的层结条件。

第 3 章 贵州空气污染气象条件分析

本章气象数据选取与环境监测资料对应时间段和对应站点的地面和高空气象观测要素资料，由贵州省气象档案馆提供。

3.1 空气质量指数与气象要素的相关性分析

通过空气质量指数的时间变化特征分析发现其存在明显的季节变化规律，为了解贵阳市空气质量指数与各气象要素间的关系，通过不同季节的相关分析，总结出空气质量指数与同日地面以及高空气象要素的相关系数，可看出不同季节空气质量指数与气象要素间的关系并不相同。以下着重分析相关性通过 $\alpha=0.01$ 显著性检验的要素。

3.1.1 与地面气象要素的相关性

地面气象观测资料包括 2 m 气温、2 m 相对湿度、10 m 风速、海平面气压、总云量、低云量和降雨量，时次包含 08 时、14 时、20 时及部分气象要素的日值。表 3.1 是不同季节空气质量指数与气象要素日值的相关系数，从表中可看出，各季 AQI 与日平均气温的相关性较差，仅春季相关系数达到 0.144，通过 $\alpha=0.05$ 的显著性检验；与平均相对湿度和日降水量相关性较好，均通过 $\alpha=0.01$ 的显著性检验，但相对湿度与降水量之间存在自相关性；春夏季 AQI 与日最高气温、夏秋季 AQI 与日最低气温相关性较好。

表 3.1 不同季节空气质量指数与气象要素日值的相关系数

季节	平均气温	最高气温	最低气温	平均相对湿度	降水量
春季	0.144*	**0.238****	0.021	**−0.494****	**−0.247****
夏季	−0.002	**0.204****	**−0.334****	**−0.323****	**−0.181****
秋季	−0.017	0.087	**−0.167****	**−0.556****	**−0.279****
冬季	0.025	0.086	−0.062	**−0.411****	**−0.236****

注：** 表示相关系数通过 $\alpha=0.01$ 的显著性检验；* 表示相关系数通过 $\alpha=0.05$ 的显著性检验。

表 3.2 为不同季节空气质量指数与不同时刻(选取 08 时、14 时和 20 时)气象要素的相关系数，总体上 AQI 与各要素之间均存在显著相关性，只是不同季节的高相关因子出现的时刻有所不同。由于总云量和低云量之间存在高相关性，相关系数均达到 0.9 以上，二选一即可。可看出各季节具有以下特征。

春季：AQI 与相对湿度、总云量 3 个时次均表现为显著负相关，说明相对湿度越大、总云量越多，AQI 越小，空气质量越好，均通过 $\alpha=0.01$ 的显著性检验。此外，AQI 还与 14 时和 20 时气温呈显著正相关，说明 14 时和 20 时气温越高，AQI 越大；与 08 时风速呈显著负相关，说明此时风速越大，AQI 越小；与海平面气压没有明显的相关性。

夏季：AQI 与 08 时要素的相关性要更为显著，除了相对湿度，其余要素均为显著相关因子；14 时和 20 时要素中与相对湿度相关性最好，20 时的高相关因子减少。

秋季：AQI 与 08 时要素之间的相关性均通过了显著性检验；与 14 时和 20 时的气温和海平面气压及 20 时风速基本无显著相关性。

冬季：AQI 与气温和海平面气压的相关性不好，与相对湿度和风速的相关性较高，各时次均通过了 $\alpha=0.01$ 的显著性检验，与总云量的相关性 14 时和 20 时比 08 时的高一些。

AQI 与不同时刻的相对湿度和总云量在各季均表现为显著负相关；与各季 08 时风速存在负相关，14 时和 20 时风速仅冬季的相关性通过 $\alpha=0.01$ 的显著性检验；与气温的相关性春、夏季较为显著，多表现为正相关，只有夏季 08 时表现为负相关；与海平面气压仅在夏、秋季 08 时表现为显著正相关并通过 $\alpha=0.01$ 的显著性检验。

表 3.2　不同季节空气质量指数与不同时刻地面气象要素的相关系数

季节	时间	气温	相对湿度	风速	海平面气压	总云量	低云量
春季	08 时	0.029	**−0.383****	**−0.222****	0.033	**−0.303****	**−0.35****
	14 时	**0.24****	**−0.448****	−0.066	−0.097	**−0.385****	**−0.397****
	20 时	**0.206****	**−0.424****	0.008	−0.094	**−0.262****	**−0.303****
夏季	08 时	**−0.209****	−0.108	**−0.36****	**0.165****	**−0.328****	**−0.308****
	14 时	**0.22****	**−0.411****	−0.144*	−0.074	**−0.243****	**−0.282****
	20 时	0.067	**−0.279****	−0.072	−0.019	−0.123*	−0.144*
秋季	08 时	−0.142*	**−0.5****	**−0.213****	**0.24****	**−0.356****	**−0.351****
	14 时	0.098	**−0.456****	−0.131*	0.088	**−0.278****	**−0.261****
	20 时	0.056	**−0.477****	−0.051	0.094	**−0.194****	**−0.186****
冬季	08 时	−0.092	**−0.344****	**−0.233****	0.133*	−0.154*	−0.142*
	14 时	0.081	**−0.323****	**−0.195****	0.027	**−0.187****	−0.136*
	20 时	0.136*	**−0.362****	**−0.211****	−0.006	**−0.165****	**−0.16****

注：** 表示相关系数通过 $\alpha=0.01$ 的显著性检验；* 表示相关系数通过 $\alpha=0.05$ 的显著性检验。

3.1.2　与高空气象要素的相关性

本节所用高空气象要素包括位势高度、温度、风速和相对湿度，层次包含 500 hPa（高层）、700 hPa（中层）和 850 hPa（低层），时次含 08 时和 20 时。从表 3.3 中可看出四季具有以下关系。

春季：AQI 与各层相对湿度呈负相关，大多通过 $\alpha=0.01$ 的显著性检验，且低层相关系数更高；与位势高度仅在中层相关性较好，呈显著正相关；与温度在高层呈负相关、低层 20 时呈显著正相关；与风速相关性不显著。

夏季：AQI 与各层相对湿度的相关性及其显著性同春季类似，与中低层的风速呈显著负相关，位势高度和温度的相关性并不显著，仅与中层08时温度呈负相关。

秋季：AQI与高层气象要素及温度的相关性不显著；与位势高度和相对湿度的相关性两个时次都较为显著，前者为正相关、后者为负相关；与08时中低层风速呈显著负相关。以上相关性均通过$\alpha=0.01$的显著性检验。

冬季：AQI只与低层相对湿度有显著相关性，与中高层相对湿度的相关性不明显；与两个时次的中低层风速呈显著负相关；与位势高度和温度的显著相关性仅分别表现在低层和中层的08时。

表3.3　不同季节空气质量指数与不同时刻高空气象要素的相关系数

季节	层次/hPa	位势高度		温度		风速		相对湿度	
		08时	20时	08时	20时	08时	20时	08时	20时
春季	500	−0.029	−0.029	**−0.231****	**−0.217****	−0.113	−0.13*	**−0.157****	−0.114
	700	**0.161****	**0.158****	−0.014	−0.02	−0.152*	−0.151*	**−0.225****	**−0.172****
	850	0.087	0.016	0.088	**0.219****	−0.061	0.154*	**−0.368****	**−0.422****
夏季	500	−0.11	−0.124*	−0.048	−0.005	−0.067	0.056	**−0.223****	−0.145*
	700	0.082	0.024	**−0.184****	−0.095	**−0.349****	**−0.268****	**−0.316****	**−0.275****
	850	0.123*	0.005	−0.092	−0.005	**−0.458****	**−0.196****	**−0.383****	**−0.319****
秋季	500	0.014	−0.015	−0.117	−0.124*	−0.086	−0.111	−0.088	−0.139*
	700	**0.26****	**0.218****	−0.155*	−0.157*	**−0.25****	−0.147*	**−0.288****	**−0.196****
	850	**0.313****	**0.231****	−0.041	0.076	**−0.225****	−0.125*	**−0.408****	**−0.443****
冬季	500	−0.034	0.037	−0.047	0.031	−0.048	0.002	−0.065	−0.139*
	700	0.123*	0.079	**−0.185****	−0.142*	**−0.334****	**−0.242****	−0.014	−0.079
	850	**0.166****	0.097	−0.017	0.143*	**−0.259****	**−0.177****	**−0.301****	**−0.281****

注：**表示相关系数通过$\alpha=0.01$的显著性检验；*表示相关系数通过$\alpha=0.05$的显著性检验。

综上，各季AQI的高层相关因子并不相同，但与相对湿度的相关性各季表现较为显著，与风速的相关性夏、秋、冬季中低层表现较为显著；与位势高度的相关性春、秋、冬季中低层较为显著，与温度的相关性特征表现并不规律。

3.2 降水对污染的清除作用

以"贵阳市"作为研究对象，利用9个监测站点6种主要大气污染物（SO_2、NO_2、O_3、PM_{10}、CO、$PM_{2.5}$）质量浓度逐时监测数据，以及贵阳市国家基本气象站逐时降水资料。资料时间2013年1月1日—2015年6月30日。日资料的时间范围为前日21时—当日20时，夜间和白天的时间范围分别为前日21时—当日08时、当日09—20时。

许多研究表明，降水对大气污染物有较好的稀释和清除作用（张文静 等，2013；朱常琳 等，2017），贵阳市常年雨量充沛，并且夜雨特征显著，贵州省内各地尤以春季最为显著，夜雨量（以4月为代表）占总降水量的65%～95%，夏季（以7月为代表）夜雨量占40%～65%（于俊

伟 等，2010)，统计 1981—2010 年月平均降水量发现，6—8 月降水量占全年平均降水量的 48.6%。为进一步研究降水对贵阳市 6 种常规大气污染物浓度的影响，以下对贵阳市 2013 年 1 月 1 日—2015 年 6 月 30 日的雨日、非雨日及夜雨与非夜雨条件下大气污染物浓度特征进行分析。

3.2.1 雨日和非雨日对比

通过统计 2013 年 1 月 1 日—2015 年 6 月 30 日期间，雨日和非雨日 6 种大气污染物浓度日均值。分析发现相比非雨日，雨日各污染物质量浓度都有不同程度下降(表 3.4)。SO_2、NO_2、PM_{10}、CO、O_3、$PM_{2.5}$雨日的质量浓度相对非雨日浓度分别下降了 19%、9%、19%、2%、7%、15%，说明降水对污染物有较好的稀释和清除作用。图 3.1 为贵阳市雨日、非雨日大气污染物浓度的日变化，可见各污染物雨日、非雨日日变化特征基本一致，各污染物基本呈现双峰型特征变化，第一、第二峰值分别出现在 21 时与 10 时左右，可以看到在非雨日几种污染物浓度从 21 时之后有明显下降，而从 06 时之后，浓度又开始逐渐上升，这说明，在不考虑自然降水清除作用的条件下，污染物浓度的变化与人类生产生活强度变化密切相关。而 O_3在有无降水时浓度日变化都为单峰型特征，峰值出现于 16 时左右，并且 O_3平均浓度在雨日的夜间时段与非雨日无明显差异，但在雨日白天时段相比非雨日有明显降低，经计算，雨日夜间时段的平均气温比非雨日略低 0.2 ℃，除了气温的差异对夜间时段的 O_3浓度产生的影响外，白天降水与夜间降水对 O_3的清除作用也可能存在差异，而贵阳市具有显著的夜雨特征，这种特征对污染物平均浓度的变化可能有一定的影响。

表 3.4 贵阳市 2013—2015 年雨日、非雨日大气污染物浓度日均值

	SO_2/(μg/m³)	NO_2/(μg/m³)	PM_{10}/(μg/m³)	CO/(mg/m³)	O_3/(μg/m³)	$PM_{2.5}$/(μg/m³)
雨日	23.27	28.03	65.60	0.77	47.21	44.06
非雨日	28.62	30.67	80.60	0.79	50.67	51.62

3.2.2 降水日昼夜对比

为了进一步研究夜雨对大气污染物浓度的清除作用，对贵阳市夜间降水与白天降水情况下的污染物浓度做了对比分析。统计 2013 年 1 月 1 日—2015 年 6 月 30 日期间，共有 434 d 出现降水，其中有 357 d 出现夜间降水，254 d 出现白天降水，所有夜间降水日和白天降水日对应的首要污染物都仅包括 PM_{10}、$PM_{2.5}$、O_3。图 3.2 给出了不同首要污染物对应的雨日及非夜雨日的平均浓度日变化与无降水日同种污染物浓度日变化的比较情况，为了严格区分夜间降水与白天降水对污染物浓度变化的影响，计算时已将同时出现夜间降水与白天降水的日期去除。从图中可见，三种首要污染物在各自对应的非夜雨日、夜雨日及无降水日的日变化特征基本一致，仅在峰值位相出现的时间上有前后差异。当首要污染物为 O_3时，夜雨日、非夜雨日及无降水日的浓度日变化均为单峰型，峰值出现在 14—17 时，并且在非夜雨日降水时段的平均浓度大于同时段无降水日，而夜雨日各时刻的平均浓度都比无降水日更高；首要污染物为 $PM_{2.5}$时，非夜雨日和无降水日的浓度日变化特征一致，且非夜雨日各时刻的平均浓度均高于

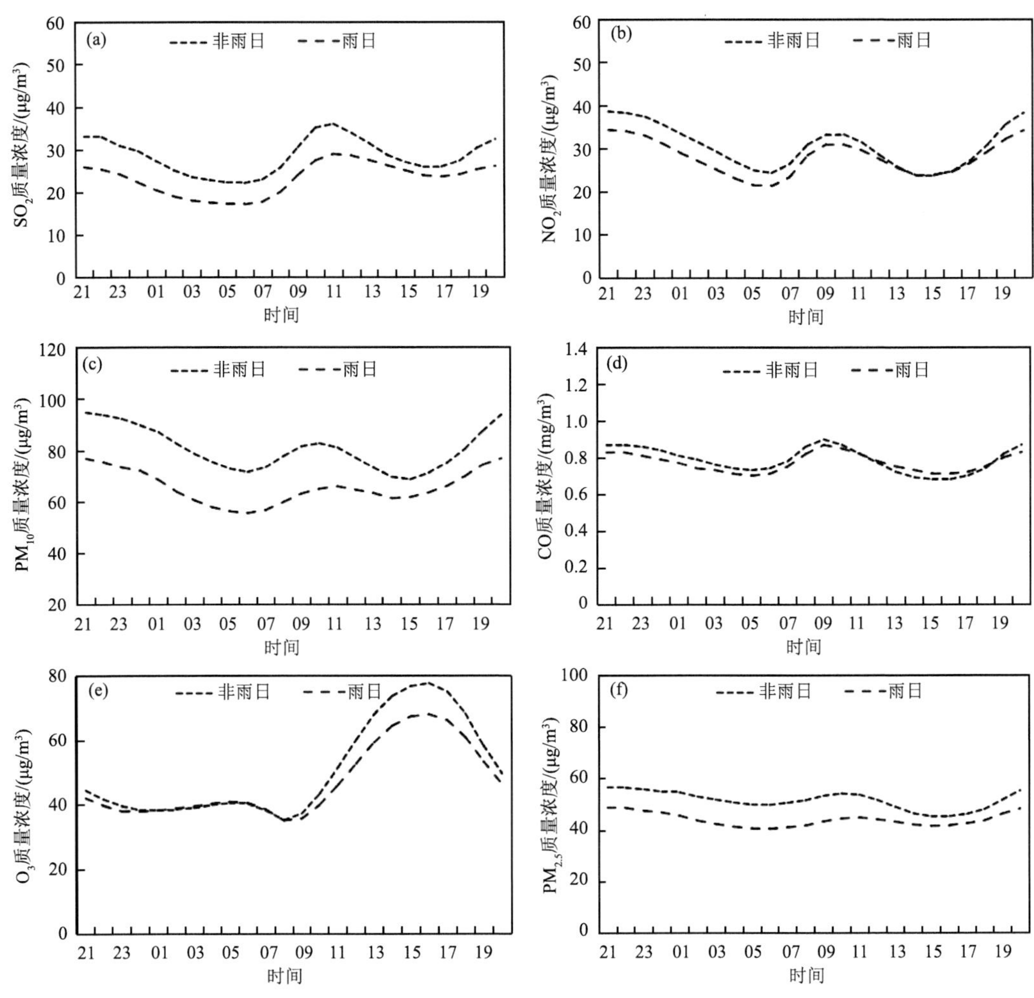

图3.1 贵阳市雨日、非雨日大气污染物质量浓度日变化

无降水日，而夜雨日降水时段的平均浓度略低于同时段无降水日；首要污染物为PM_{10}时，非夜雨日的平均浓度日变化峰值位相与无降水日相比提前约1 h，且非夜雨日降水时段的平均浓度低于同时段无降水日，而夜雨日的平均浓度日变化峰值位相与无降水日相比滞后约1 h，同时，夜雨日各时刻的平均浓度都低于无降水日，并且浓度的差异在降水时段更大。

表3.5给出了不同降水条件下，白天（09—20时）、夜间（21时—次日08时）及全天（21时—次日20时）不同时段3种首要污染物的浓度日均值，其中降水发生在白天时，同时段PM_{10}平均浓度下降了9%，但O_3、$PM_{2.5}$的平均浓度分别升高了19%、28%，而夜间降水对应的同时段$PM_{2.5}$、PM_{10}平均浓度分别下降了3%、30%，而O_3平均浓度却上升了32%。这说明白天和夜间的降水对污染物的清除效果可能有一定差异，对于颗粒污染物，当降水发生在白天时，仅对$PM_{2.5}$有一定的清除作用，降水发生在夜间时，对$PM_{2.5}$、PM_{10}有不同程度的清除，并且相对白天降水时段的清除作用均有较大提高，即夜间降水比白天降水对颗粒污染物的清除效果更加明显，这很有可能是由于夜间颗粒污染物排放源减少，而降水对白天沉积的污染物进行了冲刷，从而使平均大气状况较好，此外，从图3.2可见，降水对PM_{10}的清除效果优于$PM_{2.5}$，这种情况在夜雨日和非夜雨日的同时段均有发生，有关研究指出，雨日清除更多的是动

力学直径在 2.5～10 μm 之间的颗粒物(于彩霞 等,2018)。

表 3.5　不同降水时段对应的 O_3、$PM_{2.5}$、PM_{10} 日平均浓度　　单位:μg/m³

	21 时—次日 08 时	09—20 时	21 时—次日 20 时
O_3_夜雨	52.36	97.14	74.75
O_3_非夜雨	33.6	73.4	53.5
O_3_无降水	38.77	71.14	54.96
$PM_{2.5}$_夜雨	51.58	61.35	56.47
$PM_{2.5}$_非夜雨	64.83	64.19	64.51
$PM_{2.5}$_无降水	110.44	92.64	101.54
PM_{10}_夜雨	52.41	66.51	59.46
PM_{10}_非夜雨	93.09	71.39	82.65
PM_{10}_无降水	165.2	134.42	149.81

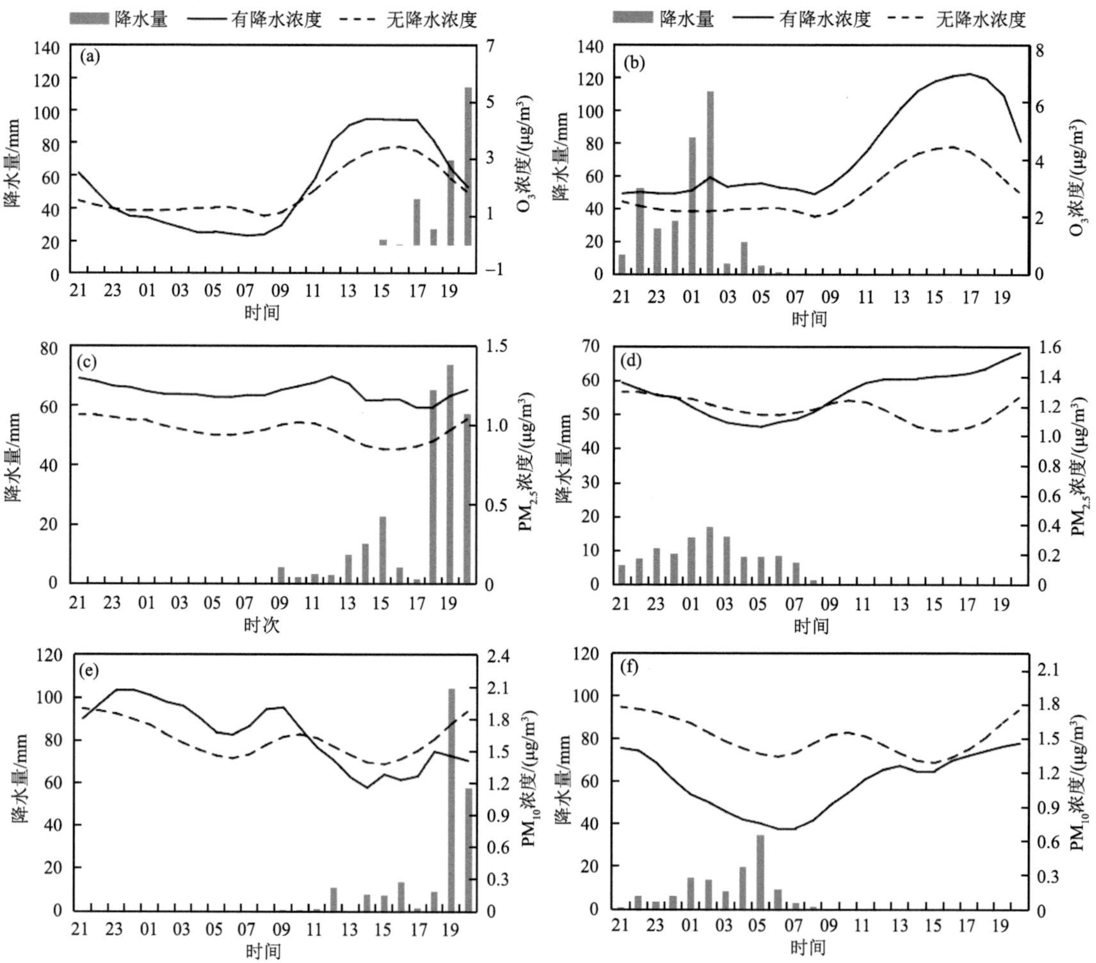

图 3.2　非夜雨日(a、c、e)、夜雨日(b、d、f)O_3、$PM_{2.5}$、PM_{10} 浓度日变化

但无论夜雨日或非夜雨日，降水时段的 O_3 平均浓度都比无降水日高，说明降水 O_3 并无清除作用，反而使 O_3 浓度上升，尤其是发生夜间降水时 O_3 浓度上升比白天降水时段更多。这是由于 O_3 与 NO 等的机动车尾气发生一系列化学反应而被消耗，而有降水时，机动车尾气排放量会减少，从而使得降水时段大气中 O_3 消耗量减少（张敏 等，2009），因此比无降水时的 O_3 浓度高。同时从图 3.2 可知当首要污染物为 O_3 时，夜雨日的平均雨量比非夜雨日大，降水持续时间比白天长，虽然降水会减少大气中已有的 O_3 消耗，但由于白天降水同时又使 O_3 的生成减少，所以导致夜间降水时 O_3 浓度的上升比白天降水时更明显。

3.3 空气污染的大气环流特征

针对空气质量较差的情况研究其大气环流特征，为预报空气污染气象条件提供依据和参考。观测资料选取贵州省环境监测中心站提供的 2017—2019 年贵州九市逐日空气质量指数及污染物浓度逐时数据，再分析资料选取 NCEP/NCAR 提供的逐日位势高度场、*U-V* 风场、垂直速度场和温度场的再分析格点资料，水平分辨率均为 2.5°× 2.5°，垂直分辨率为 17 层。气候态时间范围为 1981—2010 年。定义贵州省空气污染过程为：同时 2 站及以上满足 AQI 大于或等于 100（轻度及以上污染等级）、持续时间在 2 d（允许持续 2 d 后间隔 1 d）及以上的时段定义为一次空气污染过程。对 9 次贵州省空气污染过程，共计 47 个空气污染日样本进行统计。

3.3.1 大气环流特征

对贵州省 9 次空气污染过程发生时段进行统计，发现其主要集中发生在冬季，1 月发生的频率最高（43%），12 月次之（32%），11 月最少（5%）（图略）。对 9 次空气污染过程发生时的 500 hPa 高度场和海平面气压场进行合成分析，如图 3.3 所示。贵州省 9 次空气污染过程期间，欧亚中高纬环流主要呈两槽一脊型，高压脊位于贝加尔湖附近，无明显冷空气活动，低压槽

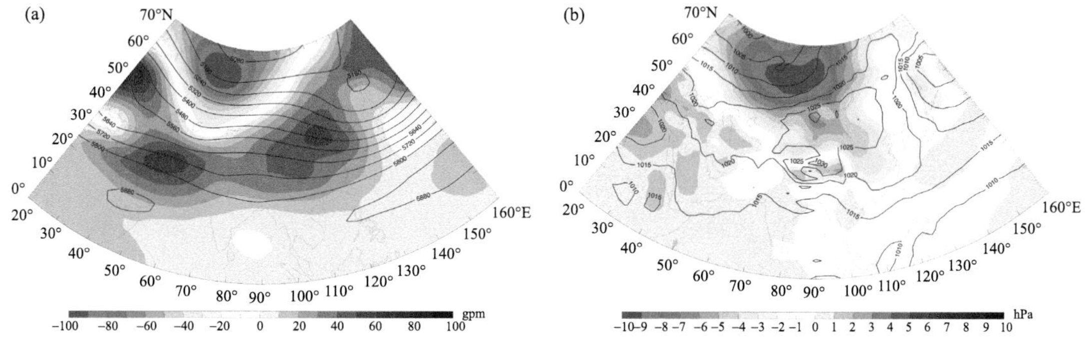

图 3.3 2015—2017 年贵州省 9 次污染天气过程中的平均环流形势
(a)500 hPa 平均位势高度（实线：等值线）和距平场（阴影），单位：gpm；
(b)平均海平面气压场（等值线）及其距平场（阴影），单位：hPa

分别位于乌拉尔山和东亚地区。与多年平均相比,500 hPa 高度场亚洲中高纬呈西低东高,东亚地区高度场以正距平为主,东亚大槽偏弱,亚洲中高纬受纬向环流控制,经向度较小,不利于冷空气南下。西太平洋副热带高压主体较常年偏强,西伸至 118°E,北至 22°N,位置偏西、偏北,长江以南地区受正距平控制。加之南支槽平均位置大致位于 85°E 附近,距平场上呈正距平,强度偏弱。副热带大气环流形势均不利于来自孟加拉湾和印度洋的暖湿气流向我国输送,降水较常年同期偏少,不利于污染物的沉降和稀释。近地面,我国中东部地区大多位于冷高压前部的均压场控制下,地面气压梯度较弱,风速较小,以下沉气流为主,利于污染物的累积。

3.3.2 高空环流 EOF 分型

对贵州省空气污染 9 次过程(共 47 d)的 500 hPa 高度距平场进行 EOF 分解,前 3 个模态对应的方差贡献率分别为 29.9%、21.1%和 13.3%,其累计方差贡献率达到 64.3%,表明前 3 模态占主导作用。从图 3.4a 可以看出 500 hPa 高度距平场 EOF 第 1 模态在东亚地区的中高纬度和副热带表现为南北反位相变化,正负中心值分别位于 55°N、150°E 和 25°N、120°E,表明东亚大槽偏弱和西太平洋副热带高压偏弱,即东亚中高纬度的经向环流偏弱、以纬向环流为主,不利于北方冷空气南下。从 PC1 可以看出(图 3.4b),2015 年 1 月 13—26 日、2015 年 2 月 10—16 日、2017 年 1 月 1—3 日等空气污染过程中 500 hPa 环流形势的分布型与 EOF1 较为一致。

图 3.4c 为 EOF 第 2 模态空间分布,在欧亚中高纬度地区高度距平场自西向东表现为负、正、负的两槽一脊环流形势。中心值分别位于乌拉尔山一带、贝加尔湖东侧和日本岛以东,表现为贝加尔湖阻塞高压偏强、东亚大槽偏强,利于加强东亚地区中高纬度的经向环流,但位置偏东。从 PC2 可以看出(图 3.4d),2015 年 2 月 10—16 日、2015 年 12 月 26—27 日、2016 年 12 月 7—13 日等空气污染过程中 500 hPa 环流形势的分布型与 EOF2 较为一致。

图 3.4e 为第 3 模态的空间分布,欧亚中高纬 500 hPa 表现为两槽一脊的异常形势,呈负、正、负距平分布,中心值分别位于 60°N、100°E 附近、我国东北三省地区和 50°N、160°E 一带。副热带以正距平为主,表明东亚中高纬度的经向环流偏弱,副热带南支槽活动偏弱。EOF 前 3 个模态主要表现为 EOF1 的纬向环流型和 EOF2、EOF3 的两槽一脊型,但两槽一脊的情况有所区别,第 2 模态中南支槽和东亚大槽均偏强,但东亚大槽位置偏东,对贵州地区影响较小,南北气流交换较弱,不利于降水形成,对空气污染清除作用不佳。第 3 模态中贵州地区主要为高压控制,大气层结较稳定,南支槽活动较弱,北方冷空气入侵少,不利于污染物扩散。从 PC3 可以看出(图 3.4f),2015 年 1 月 1—4 日、2017 年 11 月 6—8 日等空气污染过程中 500 hPa 环流形势的分布型与 EOF3 较为一致。

3.3.3 典型污染过程特征

为进一步分析贵州省发生空气污染时的异常大气环流形势,在上述 9 次过程中挑选了 PC1 中时间序列位相相反、持续时间较长,污染站数较多,污染程度较大的 2 次典型过程(2015 年 2 月 10—16 日和 2017 年 12 月 23—28 日),分别对这 2 次空气污染过程的高空高度场、低空风场、风切变进行对比合成分析,探索空气污染与大气环流形势的关系和规律。

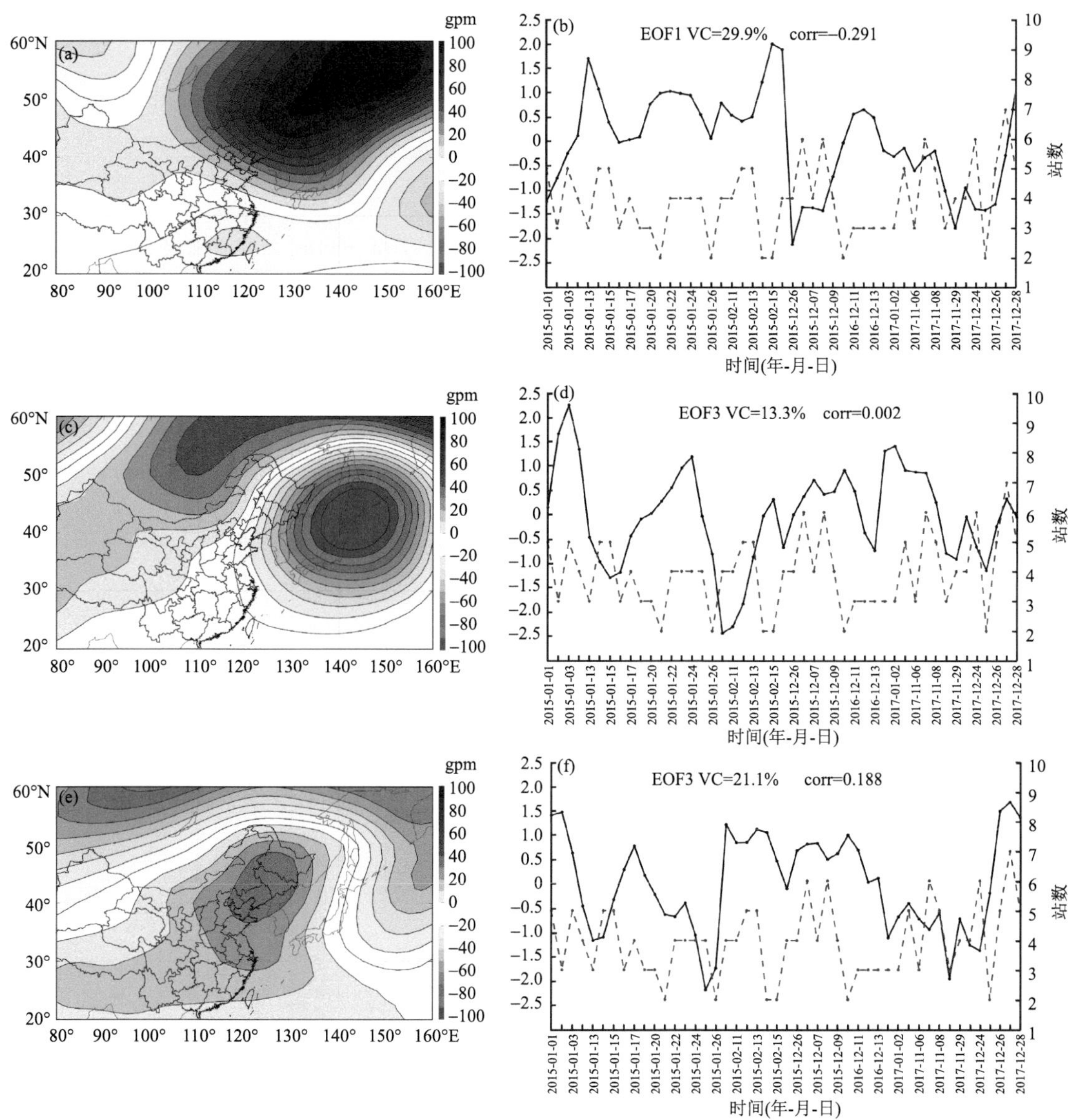

图 3.4 500 hPa 高度距平场 EOF 分解的前 3 模态的空间场（a、c、e；阴影：距平）和对应的时间系数（b、d、f）

3.3.3.1 高空环流

由图 3.5a 可以看出，在 2015 年 2 月 10—16 日空气污染过程的 500 hPa 实况高度场中，中高纬度地区大致呈现为两槽一脊形势，两槽分别位于东亚地区和西西伯利亚一带，高压脊位于贝加尔湖以东，中高纬度地区主要以纬向环流为主，经向环流较弱，不利于冷空气的南下，南支槽有较强波动，东亚大槽较常年同期要略偏西偏弱，西太平洋副热带高压较常年同期呈略偏弱态势，由于南北气流交换较弱，不太利于降水的形成。

由图 3.5b 看出，2017 年 12 月 23—28 日空气污染过程的高空环流呈两槽一脊分布型，2 个低压槽分别位于乌拉尔山一带和东亚地区，高压脊处于贝加尔湖以西地区，比较 2015 年 2 月 10—16 日的污染过程，本次过程中 500 hPa 中高纬度高压脊有所加强，东亚大槽有所加深，由于受贝加尔湖西侧高压脊控制，贵州地区空处于高压脊前的异常下沉气流区的正距平中，不利于污染物的垂直扩散，副热带南支槽波动较弱，加之副高脊线位于 20°N 附近，西伸脊点至 110°E 以西、总体偏北偏西偏强，由于副高阻挡作用，不利于北方冷空气入侵，导致南北气流交换少，不易形成大范围降水。

3.3.3.2 低空风场

结合对 2015 年 2 月 10—16 日污染过程 850 hPa 的近地面风场分析(图 3.5c)，可看出在本次污染过程中，贵州主要处于南风气流中，在其东部和南部地区风速较常年同期偏大，但西部和北部地区的平均风速较常年同期偏小，结合本次污染过程也主要发生于贵州北部的遵义市和西北部的毕节市等地区，与实际情况相符。综上，贵州北部和西北部地区高空以纬向环流为主，配合弱的南支气流活动，南北气流交换较弱；低空以弱南风为主，风速偏小，不利于污染物的扩散。

对 2017 年 12 月 23—28 日污染过程 850 hPa 近地面风场中看出(图 3.5d)，贵州地面低空整体以南风气流为主，风速较常年同期略偏大，但处于风场辐合区，利于污染物的累积。从 2 次空气污染过程中高空环流和低空风场来说，均不利于污染物的水平扩散。但 2 次空气污染过程中存在微量降水，由于少量水汽的累积，有利于污染物的吸湿凝结，对于导致污染物增加起到正贡献，2 次污染过程中在微量降水前后 AQI 均发生显著变化，最大变化值分别达 49 和 95。

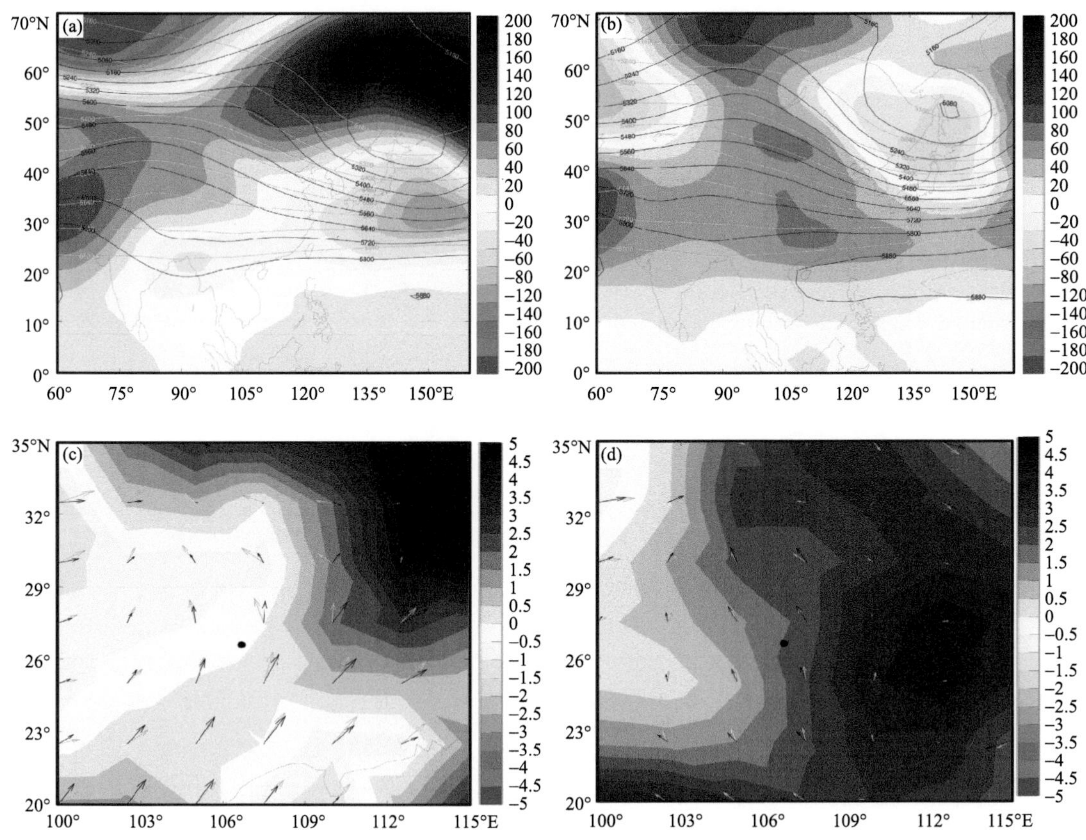

图 3.5 贵州省两次空气污染过程的 500 hPa 平均高度场实况及气候态分布(绿等值线：气候态；黑等值线：实况；阴影：距平)、850 hPa 平均风场分布(阴影：距平；箭头：风向)

(a)、(c)2015 年 2 月 10—16 日；(b)、(d)2017 年 12 月 23—28 日

3.3.4　贵阳市 2 次污染过程分析

本节选取贵阳市出现的 2 次典型持续性空气污染过程(2013 年 1 月 12—14 日为第 1 次过程,2013 年 12 月 22—25 日为第 2 次过程)进行了天气形势的分析。2 次污染事件持续时间长,污染级别高,为贵阳市较罕见的空气污染过程。2013 年 1 月 12 日中度污染,13 日白天至 14 日白天发展为重度污染(即污染最重时段),之后为中度污染;2013 年 12 月 22—25 日持续 4 d 中度以上污染,其中 23 日白天为重度污染。

3.3.4.1　地面静止锋特征

第 1 次过程前期 1 月 12—13 日是一次冷空气补充影响后的间歇,弱滇黔准静止锋维持在云南中部,贵州基本处于高压底部均压场中,以弱偏南风为主,14 日以后弱冷空气补充加之暖湿气流增强,静止锋移至贵州、云南之间,贵州区域等压线加密,贵阳以偏东风为主。第 2 次过程贵州处于冷高压后部,冷空气分股补充,受冷空气阶段影响和日变化影响,静止锋在云南东部到贵州西部之间摆动,贵阳处于锋后,维持偏东风,并有强度变化,其中 22 日和 24 日为冷空气补充,静止锋略西移并增强,23 日和 25 日为冷空气缓和期,静止锋略东移,25 日以后冷空气主体补充,污染过程结束(图 3.6)。

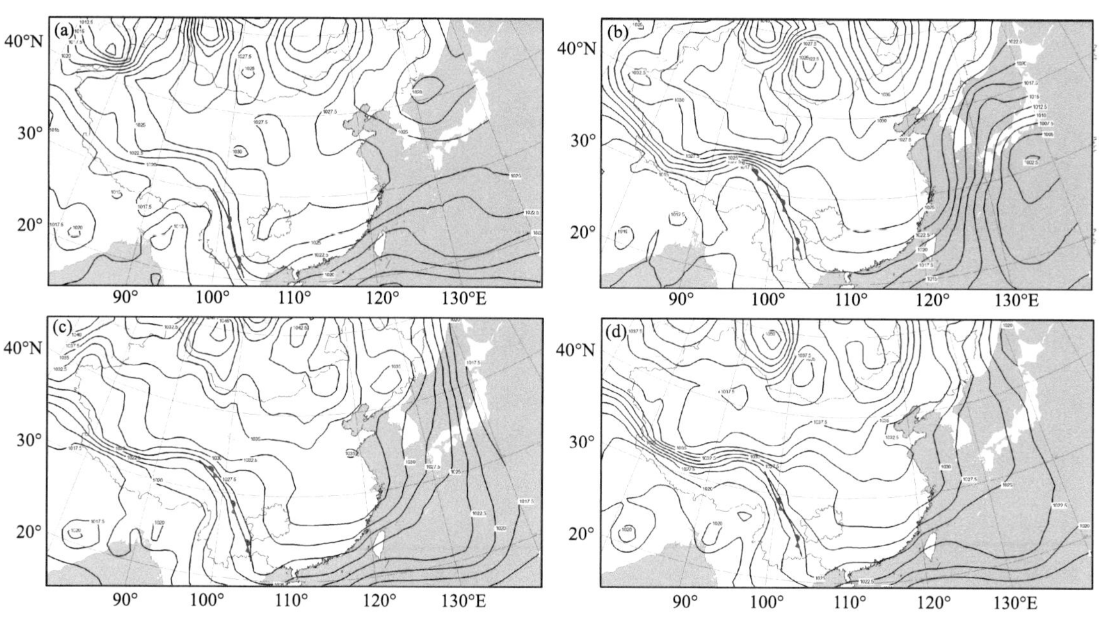

图 3.6　2013 年 1 月 12 日 08 时(a)、14 日 08 时(b)、12 月 22 日 08 时(c)和 23 日 08 时(d)的海平面气压场(黑色等值线,单位:hPa)和地面准静止锋位置(紫色线)

3.3.4.2　近地面流场

贵阳市 2 次过程时段的地面流场分布特征见图 3.7,可以看出,在 2 次空气污染过程中,中高纬度的西伯利亚高压均位于 90°E 附近;贵阳市近地面 10 m 风场均表现为弱风区(全风速在 1～2 m/s)。不同之处在于第 2 次过程中西伯利亚高压强度更强,位置更偏西,导致高压前部冷空气南下更剧烈,影响贵州东部地区;在第 1 次过程中贵阳市近地面为弱南风,而第 2 次过程中贵阳市以西近地面为弱南风、以东为弱北风。2 次过程中贵阳市近地面风速都较小，尤其是第 2 次过程中贵阳市近地面处于南北风辐合区，更不利于近地面空气污染物向区域外的水平输送。

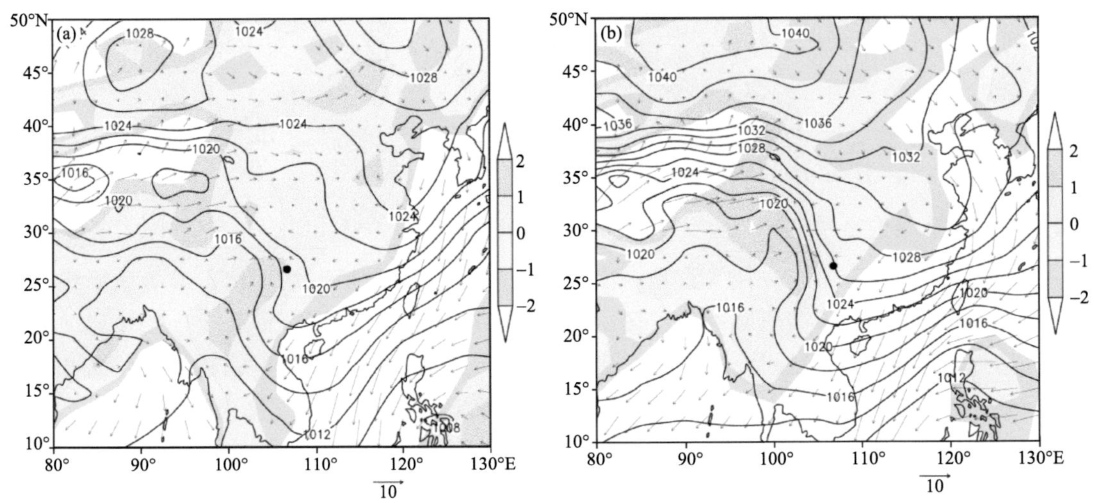

图 3.7 贵阳市第 1 次污染过程(a)和第 2 次污染过程(b)的海平面气压场(黑色等值线，单位：hPa)、10 m 风场(箭头，阴影表示径向风速，单位：m/s)

3.3.4.3 高、低空流场

贵阳市 2 次污染过程时段的 500 hPa、700 hPa 位势高度场及 850 hPa 径向风速如图 3.8 所示。可以看出，2 次污染过程中贵阳市上空均处在 500 hPa 高空脊前、700 hPa 南支槽后、850 hPa 南风区，高、低空环流形势利于北方南下冷空气和南方北上暖空气在该地区汇合，形成锋面。不同之处主要表现在高层中高纬度和副热带环流系统、中层南支槽和低层风区的位置和强度，第 2 次过程中，500 hPa 位于 45°N 的中、高纬度高压脊的位置偏东，强度偏强以及在副热带存在闭合的 588 dagpm 位势高度线，即副热带高压位置偏北、强度偏强，使得中、高

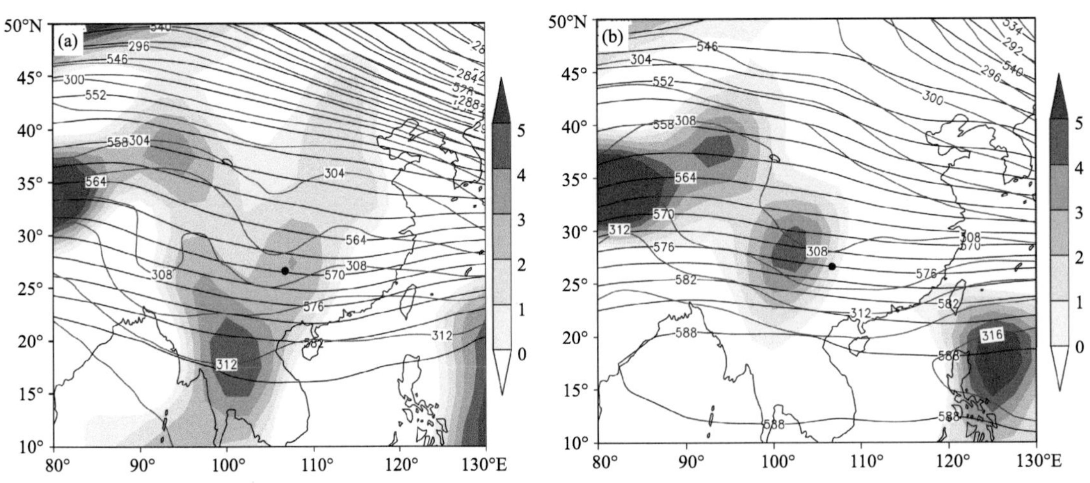

图 3.8 贵阳市第 1 次污染过程(a)和第 2 次污染过程(b)的 500 hPa(黑色等值线)、700 hPa(红色等值线)位势高度场(单位：dagpm)及 850 hPa 径向风速(阴影，单位：m/s)

纬度的槽、脊天气形势更加稳定；700 hPa 南支槽偏弱，贵阳市上空对流较弱；850 hPa 南风区范围北抬西退、南风风速大值中心偏北，在贵阳市以东存在南、北风辐合区。高、低空流场的配置表明贵阳市 2 次污染过程均处在高空脊前的下沉气流区，下沉气流可以抑制该地区的对流发展、减弱大气的垂直混合，尤其是第 2 次过程高层更为稳定的环流形势、中层较弱的对流活动以及低层的辐合风区，都更利于空气污染物在大气低层的集聚。

3.3.4.4　低空温度平流

贵阳市 2 次过程时段的 850 hPa 温度平流、风场以及 850 hPa 温度与 2 m 温度之差如图 3.9 所示。可以看出，2 次过程中贵阳市上空 850 hPa 温度平流、风场存在明显差异。第 1 次过程中贵阳市低空存在正温度平流、大值区位于贵州西南部区域，低空为偏南风；第 2 次过程中贵阳市低空存在负温度平流、中心值位于贵州西南部区域，低空为偏北风。贵阳市 2 次污染过程虽受冷、暖温度平流影响不同，但均处在冷、暖气团交汇的锋面附近，同时 2 次污染过程中该地区均处于 850 hPa 温度与 2 m 温度差零线附近的等温区，利于近地面温度层结趋于中性。

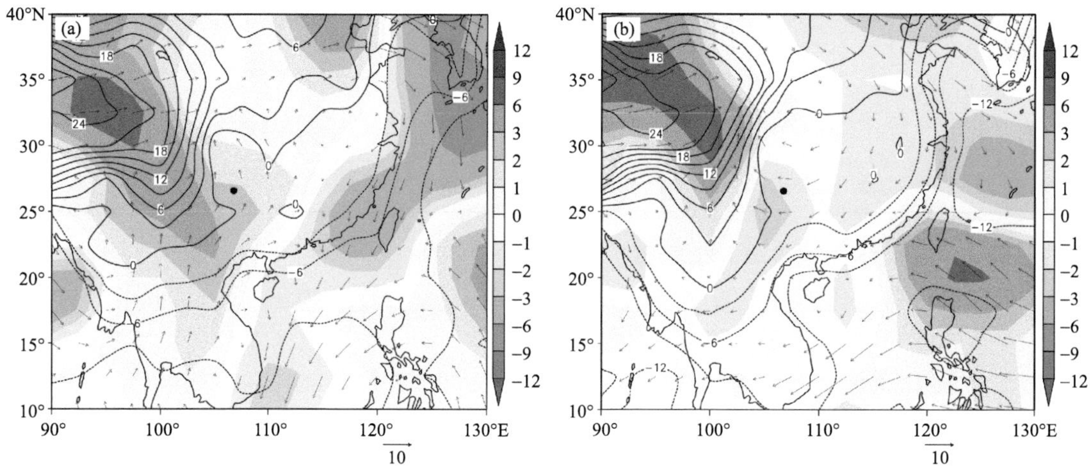

图 3.9　贵阳市第 1 次污染过程(a)和第 2 次污染过程(b)850 hPa 温度平流(阴影，单位：105 K/s)、风场(箭头，单位：m/s)以及 850 hPa 温度与 2 m 温度之差(黑色等值线，单位：℃)

3.3.5　污染天气概念模型

通过查阅污染天气个例的特征，总结出贵州省空气污染环流特征概念模型可分为两大类：高压类和准静止锋类。

3.3.5.1　高压类

此类主要特征是地面上贵州受冷高压控制，处于均压场中，无明显滇黔准静止锋影响，共有 5 个个例，占比 19.2%。天气状况是以晴天为主，天气现象以轻雾和霾为主，清晨晴空时有露和霜。

从高空环流特征来看：500 hPa 环流多以两槽一脊型为主，西侧槽位于西西伯利亚到咸海附近，东侧槽多位于俄罗斯东部经我国东北地区到黄海，脊多位于贝加尔湖以西附近，我国大部分地区多以西北气流为主，青藏高原气流平直多波动，贵州多以西北气流为主；700 hPa 四川中西部多存在切变和低压，华南地区多以西北气流为主，贵州风向日变化多有逆时针方向转变，到夜晚时多转为西南风；850 hPa 多受高压后部偏南气流影响。

3.3.5.2 准静止锋类

此类主要特征是地面上存在准静止锋，根据准静止锋的位置和强度的变化将此类分为四种类型：偏西型、偏东型、中部型和减弱型。

(1)偏西型

该型准静止锋位于云南中部和东部，共有 9 个个例，占比 34.6%，是贵州空气污染的主要类型。全省天空状况以阴天为主，天气现象多伴有轻雾、霾和雨(雪)。

从高空环流特征来看：500 hPa 环流以两槽一脊型和多槽脊型为主，西侧槽多位于 60°—70°E 和 45°—60°N 之间，东侧槽多位于 120°—140°E 和 40°—55°N 之间，脊多在西西伯利亚地区到贝加尔湖附近，我国中纬度一带地区多波动或有槽脊移动，低纬度地区多以平直气流为主，青藏高原多波动，贵州多以偏西气流为主；700 hPa 四川中东部和西部存在切变和低压，有时贵州北部也会存在切变，华南受西北气流影响或存在急流带，贵州主要受偏西和西南气流影响；850 hPa 贵州主要受高压底部的偏东气流影响为主。

(2)偏东型

该型准静止锋主要位于贵州西部，共有 4 个个例，占比 15.4%。贵州西部边缘锋前天气晴朗，锋后以阴天为主，有时伴晴转阴，转折时间在清晨，天气现象以轻雾为主，有时伴有霾和雨。

从高空环流特征来看：500 hPa 环流以两槽一脊型和多槽脊型为主，西侧槽位于贝加尔湖以西到巴尔喀什湖，东侧槽多位于日本海或日本以东，脊多位于贝加尔湖附近，我国低纬度地区多以平直气流为主，贵州多以西北气流影响为主；700 hPa 华南地区多存在急流带，四川西部有时存在低压，贵州多以西南气流为主；850 hPa 川渝和贵州南部存在切变，贵州以偏东和东南气流影响为主。

(3)中部型

该型准静止锋主要位于滇黔之间，共有 4 个个例，占比 15.4%。贵州西部锋前天气晴朗，锋后阴天为主，天气现象轻雾为主，有时伴有霾和雨。

从高空环流特征来看：500 hPa 环流以两槽一脊型和多槽脊型为主，西侧槽多在乌拉尔山以南到西西伯利亚东部，东侧槽位于 125°E 以东地区，我国中纬度一带地区多波动，低纬度地区气流平直，贵州多以偏西气流为主；700 hPa 四川有切变，多位于川中地区，华南地区多存在急流带，贵州多以西南气流为主；850 hPa 贵州位于高压底部和后部的偏东气流为主，有时在贵州南部存在切变。

(4)减弱型

该型准静止锋多位于滇东或滇黔之间并处于减弱阶段，共有 4 个个例，占比 15.4%。贵州大部阴转晴为主，但转折时间不固定，天气现象轻雾和霾为主，有时伴有雨。

从高空环流特征来看：500 hPa 环流以两槽一脊型为主，偶有一槽一脊型，此型西侧槽位置不固定，东侧槽多位于日本海附近，脊多位于西西伯利亚东部到贝加尔湖以西地区，我国中纬度一带地区多以西北气流影响为主，低纬度地区气流平直，高原多波动，贵州多以西北气流和偏西气流为主；700 hPa 四川西部多存在切变和低压，有时贵州北部也有切变，华南地区多以西北气流为主，贵州以偏西和西北气流为主；850 hPa 贵州以偏北和偏南气流为主。

3.4 空气污染气象因子的垂直结构特征

3.4.1 空气污染的环境场

图 3.10 为贵州省 2015—2017 年 9 次污染过程中的温度距平和风速距平的时间-高度剖面图。由图 3.10a 可知，9 次过程中除 2015 年 1 月 13 日和 2 月 10 日外均存在异常逆温层，逆温中心位于 600～700 hPa 之间，2015 年 1 月 4 日的污染过程中逆温层强度最强，2016 年 12 月 7—13 日期间逆温层持续时间最长。9 次过程中对流层整层风速偏小(图 3.10b)，负值中心位于对流层中高层。其中，2015 年 1 月 1—4 日、1 月 19—24 日、2016 年 12 月 7—13 日污染过程期间存在异常逆温，且对流层中高层风速存在负距平中心，使得大气层结更加稳定，是空气污染物得以发展和维持的重要条件。

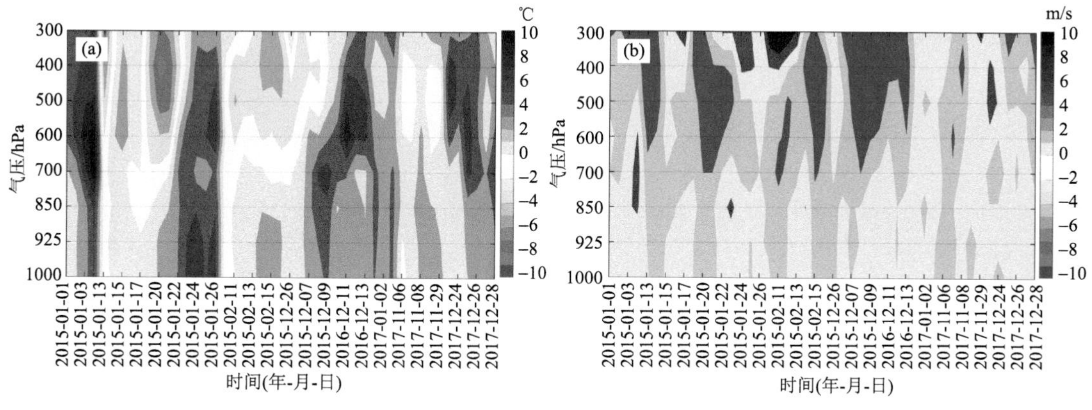

图 3.10　贵州省 2015—2017 年 9 次污染过程温度距平(a)和风速距平(b)的时间-高度剖面图

3.3.4 节中提到的贵阳市 2 次污染过程，其温度距平、风速距平随高度的垂直分布如图 3.11 所示，可以看出，第 1 次过程中低空的异常逆温达到高度为 700 hPa，而第 2 次异常逆温的高度更高达 600 hPa；第 1 次过程中水平风速在对流层中低层均为负距平、在 600～850 hPa 之间水平风速距平的垂直梯度明显减小，而第 2 次过程中水平风速在对流层中低层均为正距平、在 850～ 925 hPa 水平风速距平的垂直梯度明显减小。取 700 hPa 与 850 hPa 之间的气温距平、水平风速距平的变化来定量描述，得到第 2 次污染过程的异常逆温(3.0 ℃)远比第 1 次过程(0.8 ℃)强，同时第 2 次污染过程的异常水平风速切变(−1.7 m/s)较第 1 次过程(−1.5 m/s)小。综上所述，2 次过程中异常逆温的存在利于对流层低层大气层结趋于稳定，同时异常水平风速重直梯度的减小利于减弱大气的斜压性和减弱对流层中低层大气的垂直混合。气象条件的热力和动力共同作用使得 2 次污染过程中大气层结更加稳定，是污染过程得以持续和发展的关键。

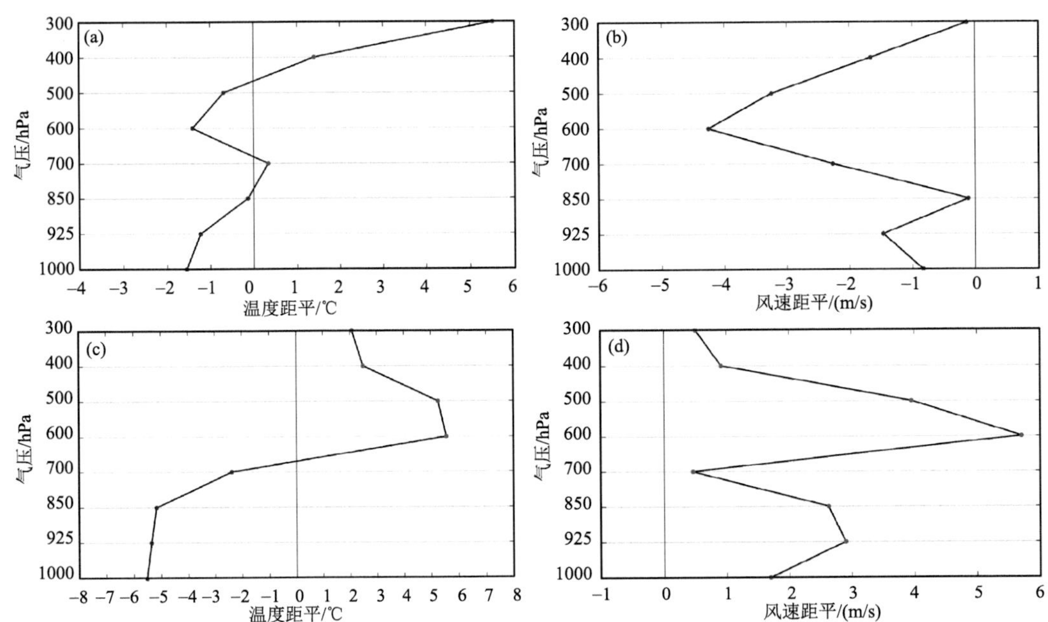

图 3.11　贵阳市第 1 次污染过程(a、b)和第 2 次污染过程(c、d)中温度距平(a、c,单位:℃)、风速距平(b、d,单位:m/s)的垂直分布

3.4.2　污染过程的对比分析

贵阳市 2 次污染过程中的温度距平、风速距平、垂直速度距平的时间-高度剖面如图 3.12 所示。可以看出,2 次过程中均存在异常逆温层,不同之处在于第 2 次过程的强度更强、持续时间更长,过程结束后异常逆温层仍然维持,大气层结更加稳定。第 1 次过程对流层整层风速偏小、大值中心位于对流层中层,近地面为偏北风、对流层中层为偏南风;第 2 次对流层整层风速偏大、大值中心位于对流层中层,近地面到对流层中层均为偏北风。2 次过程中均存在对流层整层的异常下沉运动,不同之处在于第 2 次过程持续时间更长,过程结束后异常下沉运动仍然维持。

图 3.13 为 2 次污染过程中贵阳市的 AQI 及降水量的逐时变化。可以看出,2 次污染过程发生时 AQI 大幅上升并维持,AOI 平均值分别为 192 和 174。不同之处在于,第 1 次过程的结束伴随着异常逆温层消失、异常上升运动开始、近地面转偏北风以及降水开始;而第 2 次过程结束后异常逆温层和异常下沉运动依然维持,并且没有持续性降水,但低层偏北风持续增大。

通过对比 2 次过程中气象因子的三维特征结构发现,在 2 次过程污染最严重时段(2013 年 1 月 13 日白天到 14 日白天、2013 年 12 月 23 日白天)异常的下沉气流和异常逆温层的存在均使大气层结更加稳定,是贵阳市本区域空气污染得以发展及维持的前提。不同之处在于 2 次污染过程中风场的三维特征对演变过程中逆温层的影响各异,第 1 次过程中对流层中层偏南风利于将南方的暖湿气流输送到贵阳市上空,利于逆温层的增温、增湿和发展维持,而第 2 次过程中高、低空一致的偏北风,配合贵阳市北高南低、西高东低的地理形势,易于形成冷垫,抬升暖空气，加强逆温层的发展、维持。

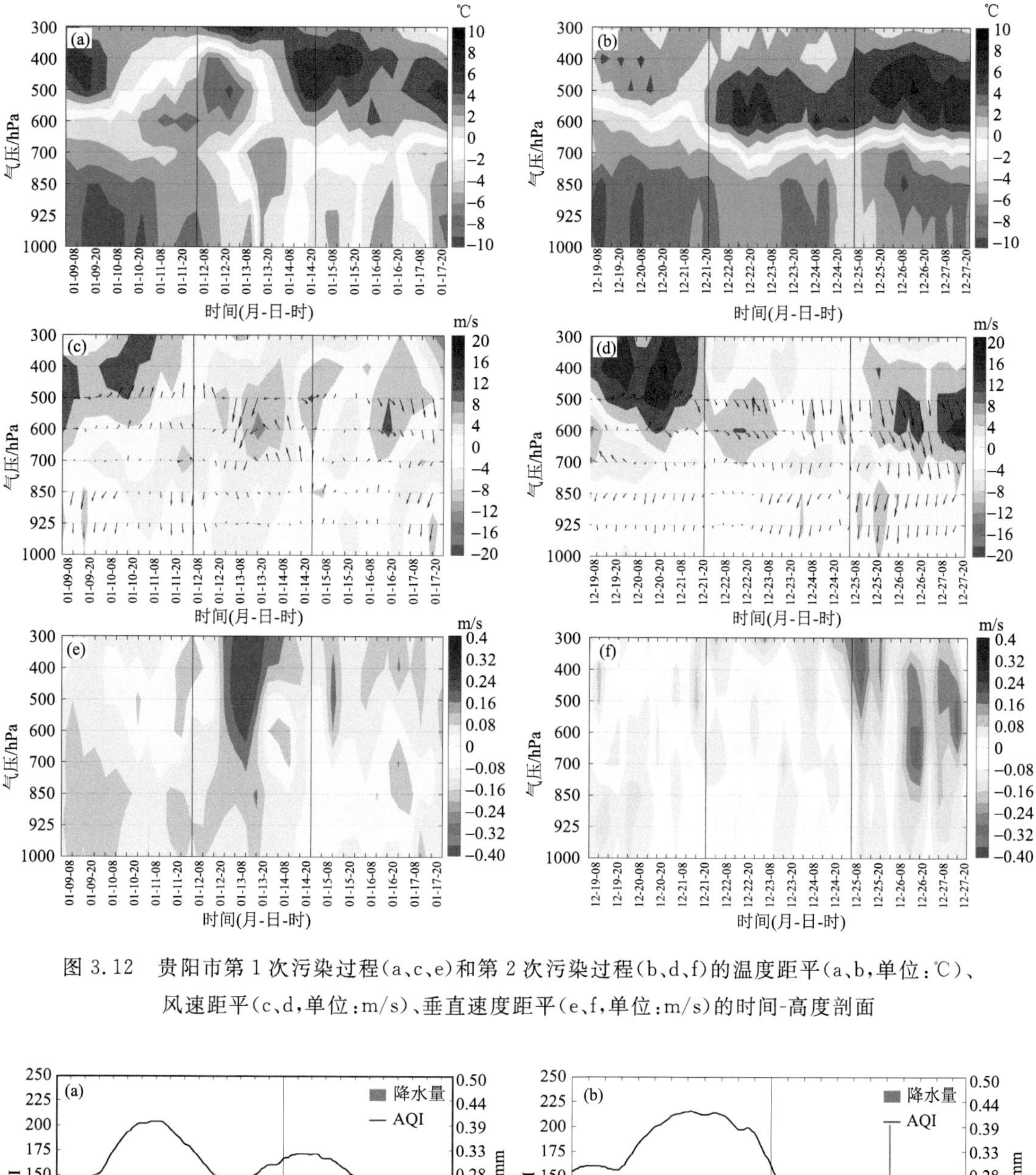

图3.12　贵阳市第1次污染过程(a、c、e)和第2次污染过程(b、d、f)的温度距平(a、b，单位：℃)、风速距平(c、d，单位：m/s)、垂直速度距平(e、f，单位：m/s)的时间-高度剖面

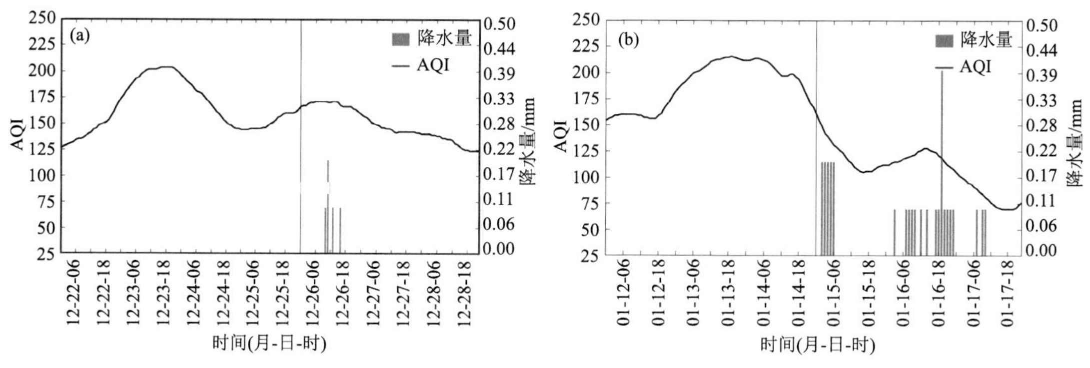

图3.13　贵阳市第1次污染过程(a)和第2次污染过程(b)的AQI及降水量逐时变化

3.4.3 重污染时段探空分析

如图 3.14 为贵阳市 2 次污染过程中污染较重时段贵阳探空站 T-ln$P$ 图。可以看出，第 1 次过程中 1 月 13 日 08 时污染最重的时段近地面层湿层浅薄、层结上干下湿，0～2.5 km 随高度温度上升，逆温达 7 ℃，近地层逆温明显，大气层结稳定度大。14 日 08 时之后湿层抬升，逆温抬到中层 600 hPa 附近，强度略有减弱。第 2 次过程中 12 月 22 日 08 时近地层有一弱逆温层，中层 600 hPa 附近还存在强逆温层，586～623 hPa 温度从 −11 ℃升高到 0 ℃，逆温达 11 ℃。23 日 08 时近地层逆温加强，中层逆温维持，在 757～833 hPa 和 539～629 hPa 之间分别存在 3 ℃和 8 ℃的逆温，700 hPa 存在干层，中层强逆温和双层逆温更加大了大气稳定度。综上所述，2 次污染过程期间贵阳市上空中低层存在不同程度的逆温，逆温增强时段与污染最重时段相对应，逆温层的存在增强了大气层结稳定度，为污染过程的维持和发展提供了有利的气象条件。

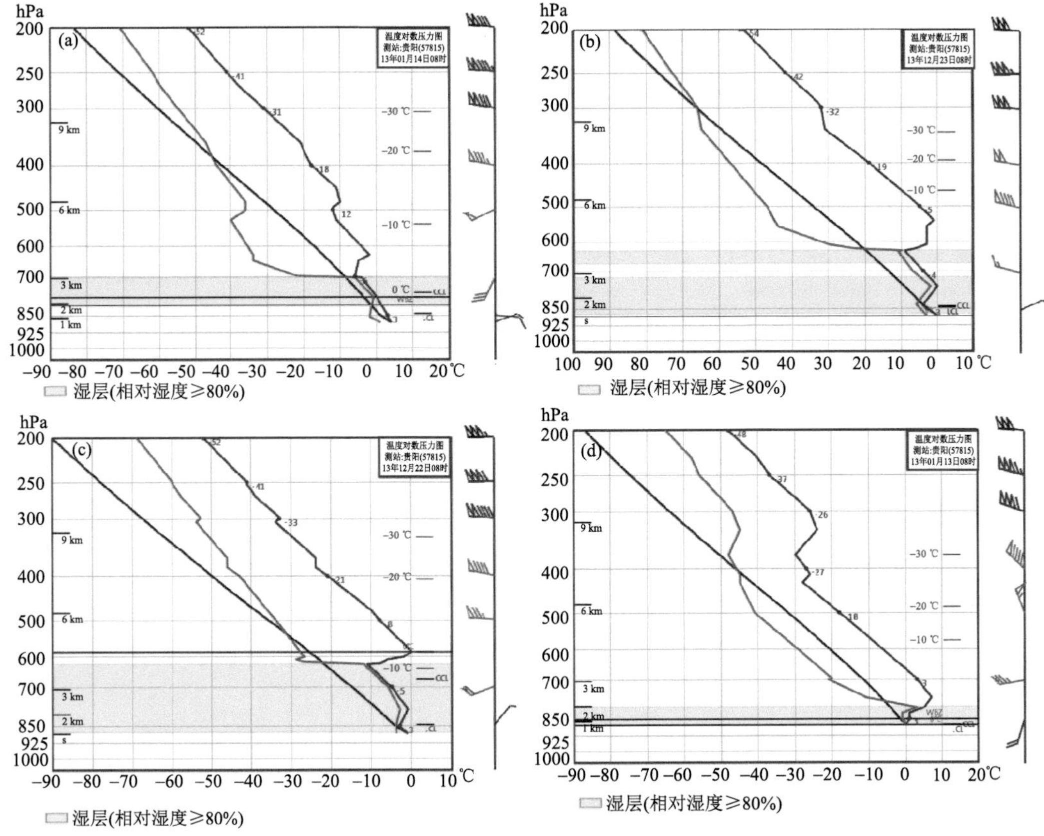

图 3.14 第 1 次污染过程(a、b)和第 2 次污染过程(c、d)中污染较重时段贵阳探空站 T-ln$P$ 图
(蓝色实线为温度层结曲线，绿色实线为露点温度曲线，红色粗实线为状态曲线，
浅绿色阴影部分为相对湿度>80%的层次)

第 4 章 贵州环境气象预报研究

贵州环境气象预报业务体系是在 2014 年中国气象局要求上传空气质量预报产品后才逐年开展研究形成的，以省会“贵阳市”环境气象研究成果最为成熟与完整，并在业务中得到充分应用，空气质量预报评分在年度省会及计划单列市城市排名中逐年上升，挺进前十，最高名次排名第 6 位。本章将主要以省会城市“贵阳市”环境气象预报研究成果为基础，介绍省级环境气象预报研究情况。

4.1 主要污染物浓度预报

由 1.3.1 节分析可知贵州省各地首要污染物主要是 PM_{10}、$PM_{2.5}$ 和 O_3，而 SO_2、NO_2 和 CO 三种污染物几乎未出现过，研究意义不突出，因此本节主要针对 PM_{10}、$PM_{2.5}$ 和 O_3 三种污染物预报方法进行研究，采用多元线性逐步回归方法建立浓度预报模型，再利用 EC 细网格气象要素预报对 2014 年 4—8 月的污染物浓度预报进行检验评价。

4.1.1 PM_{10} 预报

利用 SPSS 多元线性逐步回归分析，以 PM_{10} 日浓度作为应变量，前日 PM_{10} 浓度和挑选出的 36 个气象要素为自变量，生成预报模型 8 个，其中第 8 个模型的复相关系数 R，决定系数 R^2，校正决定系数调整 R^2 较前 7 个模型都大，且随机误差的估计值都偏小(表 4.1)。PM_{10} 的浓度 C_{P10} 预报方程为：

$$C_{P10} = -1366.059 + 0.53X_1 - 0.746X_2 - 4.367X_3 + 4.595X_4 + 1.47X_5 - 1.318X_6$$

式中，X_1 为前日 PM_{10} 浓度的日均值，X_2 为 850 hPa 20 时湿度，X_3 为 850 hPa 20 时风速，X_4 为地面 08 时风速，X_5 为地面 20 时气压，X_6 为 20 时总云量。

图 4.1 为预报模型对 2014 年 4—8 月的 PM_{10} 浓度的预报和实况对比，共计 146 d 的可用数据。可看出该预报模式对于极值的预报效果不佳，5 月 28 日的预报值明显较实况偏低，同时大部分实况值明显略高于预报值，定义实况值减去预报值再除以预报值乘以百分之百为预报误差百分比，计算 146 d 的误差百分比后剔除误差百分比绝对值大于 1 的数，求平均后得到偏差为 0.12，故可以将预报值提高 12%后得到订正值。订正后浓度变化曲线更加接近实况值，但是该种订正方式对于极端情况的预报效果依然不理想。根据污染物浓度等级对预报及预报订正进行检验。根据 AQI 规定，24 h 平均污染物浓度小于 50 $\mu g/m^3$ 为一级，污染物浓度

在 51～150 μg/m³ 为二级，浓度在 151～250 μg/m³ 为三级，浓度在 251～350 μg/m³ 为四级，浓度在 351 μg/m³ 以上为五级。预报和实况的等级相同时视为预报正确。未订正的预报准确率为 67.81%，而订正后的准确率为 70.55%，提高了 2.74%，订正的效果略有提高，业务中可以参考订正值。

表 4.1　PM_{10} 浓度预报模型汇总

模型	R	R^2	调整 R^2	标准估计的误差
1	0.720	0.518	0.517	38.5
2	0.750	0.562	0.560	36.8
3	0.785	0.616	0.613	34.5
4	0.795	0.633	0.628	33.8
5	0.802	0.643	0.637	33.4
6	0.805	0.649	0.642	33.1
7	0.804	0.647	0.642	33.2
8	0.808	0.652	0.646	33.0

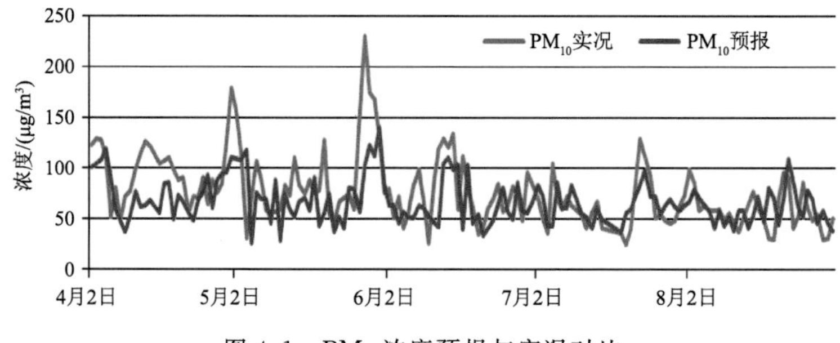

图 4.1　PM_{10} 浓度预报与实况对比

4.1.2　$PM_{2.5}$ 预报

运用 SPSS 逐步回归方法预报模型 6 个，其中模型 6 的复相关系数 R，决定系数 R^2，校正决定系数调整 R^2 较前 5 个模型都偏大，且随机误差的估计值都偏小（表 4.2）。$PM_{2.5}$ 的浓度 $C_{P2.5}$ 预报方程为：

$$C_{P2.5} = -351.577 + 0.653Y_1 + 0.399Y_2 - 0.284Y_3 - 2.274Y_4 - 0.983Y_5 + 1.163Y_6$$

式中，Y_1 为前日 $PM_{2.5}$ 浓度日均值，Y_2 为地面 08 时气压，Y_3 为 850 hPa 20 时湿度，Y_4 为 850 hPa 20 时风速，Y_5 为 700 hPa 20 时温度，Y_6 为 850 hPa 08 时风速。

表 4.2　$PM_{2.5}$ 浓度预报模型汇总

模型	R	R^2	调整 R^2	标准估计的误差
1	0.817[a]	0.668	0.667	19.4
2	0.840[b]	0.706	0.704	18.3
3	0.852[c]	0.727	0.724	17.7
4	0.858[d]	0.736	0.733	17.4
5	0.862[e]	0.743	0.739	17.2
6	0.865[f]	0.749	0.744	17.0

图 4.2 为模型预报和实况的对比。可看出该预报模式的实况值较预报值略有偏高，求得模型偏差为−0.11，将预报值提高 11%后得到订正值。订正值相对于预报值有明显的改善，但是对于极端情况的预报效果依然不理想。根据规定 $PM_{2.5}$浓度小于 35 μg/m³ 为一级，污染物浓度在 36～75 μg/m³ 为二级，浓度在 76～115 μg/m³ 为三级，浓度在 116～150 μg/m³ 为四级，浓度在 151 μg/m³ 以上为五级。对 $PM_{2.5}$浓度等级预报和订正值进行检验，未订正的预报准确率为 65.75%，订正后的准确率为 71.23%，正确率提高 5.48%，业务中可以参考订正值。

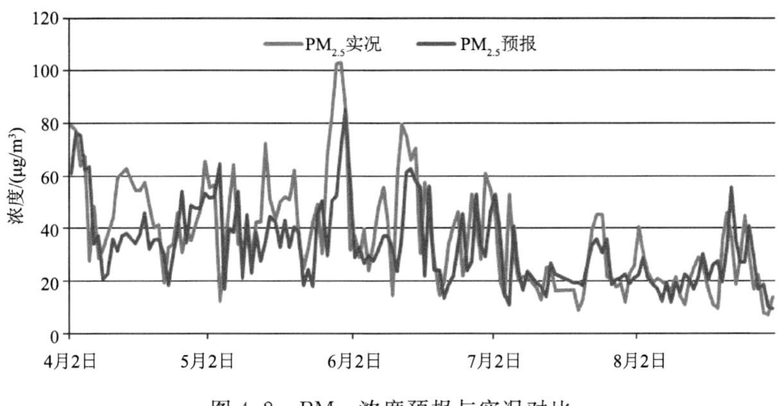

图 4.2　$PM_{2.5}$浓度预报与实况对比

4.1.3　O_3预报

运用 SPSS 逐步回归方法生成 O_3浓度的预报模型 5 个，其中模型 5 的复相关系数 R，决定系数 R^2，校正决定系数调整 R^2 较前 4 个模型都偏大，且随机误差的估计值都偏小(表 4.3)，选取第 5 个模型。O_3的浓度C_{O3}预报方程：

$$C_{O3} = 13.413 + 0.529\,Z_1 + 1.293\,Z_2 - 0.827\,Z_3 + 1.51\,Z_4 - 0.309\,Z_5$$

式中，Z_1 为前日 O_3浓度日均值，Z_2 为 850 hPa 20 时风速，Z_3 为 850 hPa 08 时风速，Z_4 为地面 20 时风速，Z_5 为总云量。

表 4.3　O_3浓度预报模型汇总

模型	R	R^2	调整 R^2	标准估计的误差
1	0.563[a]	0.317	0.315	12.4
2	0.594[b]	0.352	0.348	12.1
3	0.604[c]	0.365	0.359	12.0
4	0.614[d]	0.377	0.370	11.9
5	0.620[e]	0.384	0.375	11.9

图 4.3 为模型 O_3浓度预报值与实况值对比图，可看出该模式的预报值较实况值总体趋势较为一致，预报偏差小，但预报值在低值区时偏大，高值区时偏小，预报效果还是比较理想。但由于 O_3不是本地的主要污染物类型，且在研究时间范围内其浓度值均在 100 μg/m³ 以下，对应于空气质量指数来看都表现为 1 级(优)，因此不对其进行订正检验。

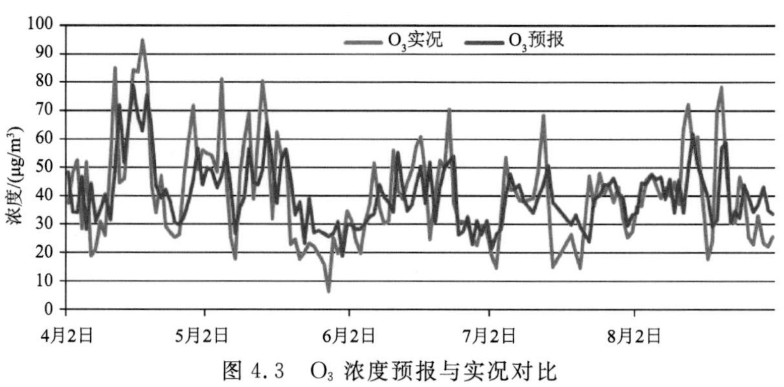

图 4.3　O_3 浓度预报与实况对比

4.2 空气质量指数预报

贵阳市共有 10 个环境监测站，AQI 是根据国家环境保护标准《环境空气质量指数(AQI)技术规定(试行)》(HJ 633—2012)计算所得。本书采用的是贵阳市环境监测中心站直接提供的 2013 年 1 月 1 日—2015 年 12 月 31 日共 3 a 的贵阳市逐日空气质量指数、等级和首要污染物资料，以及同期关键时刻观测的地面气象要素(时间：08 时、14 时和 20 时，要素包含气温、风速、相对湿度、海平面气压和总云量)、贵阳高空观测资料(时次：08 时和 20 时，层次：850 hPa、700 hPa 和 500 hPa，要素包含温度、位势高度、相对湿度和风速)和 2015—2016 年欧洲中期天气预报中心(European Centre for Medium-Range Weather Forecasts，简称：ECMWF)细网格模式资料，分析研究贵阳市空气质量指数的时间变化特征，通过分季节的相关性分析，找出各季高影响因子，通过 SPSS 软件的多元线性逐步回归和 MATLAB 的 BP 神经网络两种方法分别建立基于气象条件的各季空气质量指数预报模型，并进行预报效果检验，以及同 CUACE 模式产品对比检验。

为了对预报模型的效果进行客观定量的比较分析，采用等级预报的 *TS* 评分、指数预报的平均绝对误差和预报准确率三种评价指标进行模型预报效果的评价。

(1)TS 评分公式：$TS=\dfrac{NA}{NA+NB+NC+ND+NE+NF}\times 100\%$

式中，NA 为等级预报正确天数，NB、NC、ND、NE、NF 表示预报等级绝对偏差分别为 1～5 级的天数。

(2)平均绝对误差 I_{MAE}公式：$I_{MAE}=\dfrac{1}{n}\sum_{i=1}^{n}|F_i-O_i|$

式中，F_i为第 i 天 AQI 预报，O_i为第 i 天 AQI 实况，均为无量纲，n 为样本数(i=1,2,…,n)。

(3)预报准确率 T_K公式：$T_K=\dfrac{N_{rK}}{N_{fK}}\times 100\%$

式中，N_{rK}为 AQI 预报正确($|F_i-O_i|\leqslant 25$)的天数，N_{fK}为样本数。AQI 预报准确率的实际含义是 AQI 预报误差≤25 的百分率(中国气象局应急减灾与公共服务司在空气质量预报评分中规定空气质量指数 $|F_i-O_i|\leqslant 25$，该项评分为 100；$25<|F_i-O_i|\leqslant 50$，该项评分为

50；$|F_i - O_i| > 50$，该项评分为 0。因此评价预报准确率的指标为“25”）。

4.2.1　多元线性逐步回归

建立在统计模型基础上的空气质量指数预报模型的稳定性和准确性，取决于预报因子的选取。污染源是污染物浓度即空气质量好坏的一个重要决定因素。从表 4.4 中各季当日空气质量指数与前日指数的相关分析发现，AQI 指数与前日指数具有较高的正相关性，均通过了 $\alpha=0.01$ 的显著性检验，相关性秋季最好，其次是冬季、春季和夏季。

表 4.4　各季当日 AQI 与前日 AQI 的相关系数

	春季	夏季	秋季	冬季
相关系数	0.643	0.596	0.769	0.765

注：所有系数均通过 $\alpha=0.01$ 的显著性检验。

由于污染源的不确定性，而统计模型中需要反应源强，故建模时均选取前日空气质量指数观测值作为一个预报因子。根据空气质量指数与气象条件关系相关分析，不同季节气象影响因子并不相同，选取以上相关性较好的气象要素作为多元线性逐步回归方法的自变量。由于地面相对湿度和降雨量之间存在必然的联系，取两者相关系数较大值。

逐步回归方法是一种选择最优变量子集的方法，它是从可供挑选的变量中，根据一定的显著性标准，每一步只选入一个变量进入方程。采用逐步回归能使最后组成的方程只包含重要的变量，提高了筛选因子的效率。利用 2013 年、2014 年资料作为建模的基础数据，2015 年资料作为检验模型的数据，根据选取的相关因子，利用 SPSS 软件，通过多元线性逐步回归方法，取 F 为 0.05 的信度检验，进行建模。选取带有气象因子的前三个模型，对 2015 年各季的逐日空气质量进行预报检验，选取预报效果较好的模型作为空气质量指数预报方程。各季空气质量指数预报因子和预报模型如下。

（1）春季 3 个预报因子：前日空气质量指数（I_{1d}）、850 hPa 20 时湿度（RH_{8-20}）、地面 14 时 10 m 风速（V_{14}）；春季空气质量指数（AQI_1）预报模型：

$$AQI_1 = 0.586\,I_{1d} - 0.413\,RH_{8-20} - 3.659\,V_{14} + 71.274$$

（2）夏季 4 个预报因子：前日空气质量指数（I_{1d}）、850 hPa 08 时风速（V_{8-08}）、地面 14 时相对湿度（RH_{14}）、地面 08 时气温（T_{08}）；夏季空气质量指数（AQI_2）预报模型：

$$AQI_2 = 0.386\,I_{1d} - 2.095\,V_{8-08} - 0.43\,RH_{14} - 2.525\,T_{08} + 123.532$$

（3）秋季 4 个预报因子：前日空气质量指数（I_{1d}）、地面 20 时相对湿度（RH_{20}）、850 hPa 08 时风速（V_{8-08}）、地面 08 时相对湿度（RH_{08}）；秋季空气质量指数（AQI_3）预报模型：

$$AQI_3 = 0.62\,I_{1d} - 0.327\,RH_{20} - 2.73\,V_{8-08} - 0.917\,RH_{08} + 149.979$$

（4）冬季 4 个预报因子：前日空气质量指数（I_{1d}）、850 hPa 08 时风速（V_{8-08}）、地面 14 时相对湿度（RH_{14}）、850 hPa 20 时风速（V_{8-20}）；冬季空气质量指数（AQI_4）预报模型：

$$AQI_4 = 0.692\,I_{1d} - 4.564\,V_{8-08} - 0.543\,RH_{14} - 2.092\,V_{8-20} + 103.354$$

表 4.5 为各预报模型的 R^2 和信度值 F。R^2 越接近 1 说明回归效果越好，说明各季预报模型具有一定的拟合效果。各季样本数在 90～92，临界值 $F_{(0.05)}(4,90)=2.473$，而 4 个预报模型的信度值 F 均远远大于临界值，且均通过显著性检验，则建立的回归方程具有显著意义，可

以作为预报方程。

表 4.5　多元线性回归方程 2 种检验参数

参数	春季	夏季	秋季	冬季
R^2	0.546	0.522	0.722	0.699
信度值 F	70.815	46.63	114.133	98.225

对 2015 年 1 月 1 日—12 月 31 日空气质量指数进行预报效果检验。图 4.4 为春、夏、秋、冬季空气质量指数实况与模型预报值的曲线对比，表 4.6 为模型预报的检验参数。

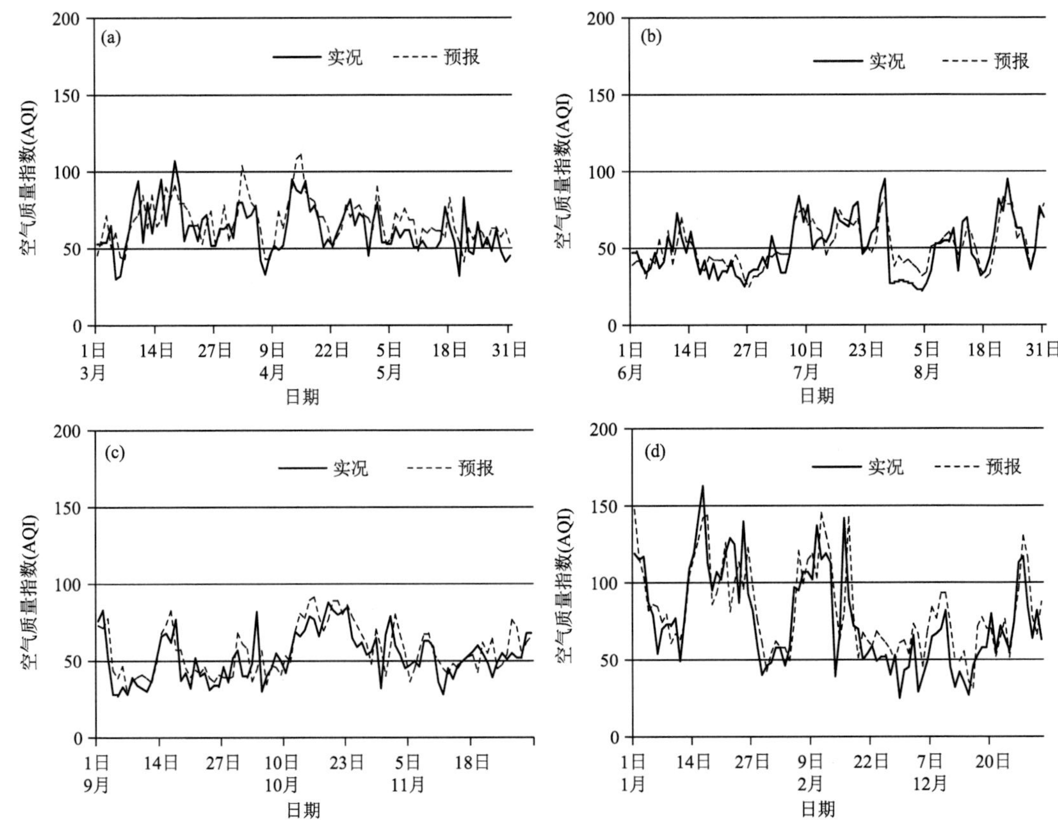

图 4.4　春(a)、夏(b)、秋(c)、冬(d)季模型预报值与实况对比

图 4.4 可看出四季模型的预报结果与实况的变化趋势一致且重合率较高，春、夏、秋季空气质量多在优良之间变化，冬季则多在优到轻度污染之间变化。从表 4.6 的模型参数检验来看，四季模型 AQI 的平均绝对误差和预报准确率均比较好，平均绝对误差最小为夏季的 9，最大为冬季的 16，以国家气象中心对空气质量指数评分的考核标准，绝对误差低于 25 该项评分为 100，除了冬季略高以外，其余季节该误差还是比较理想的；预报准确率春夏秋三季高于 95%，尤其是夏季最高接近 99%，冬季也达到了 80% 以上；TS 评分略低，这是由于 AQI 分级原因造成的，夏季评分最高接近 87% ，冬季略低为 67.78%，春秋季相当接近 77%。夏季 3 个参数检验的预报效果最好，各项指标都是最优的，春、秋季参数检验效果相差不大，冬季效果略差，是由于冬季是污染最重的季节，空气质量指数范围跨越大，所以模型预报效果不及其他三季。综上，各季预报模型对业务工作中空气质量指数预报具有较高的指导作用。

表 4.6　预报模型参数检验

季节	样本数	TS	I_{MAE}	T_K
春季	92	76.09%	12	96.74%
夏季	92	86.96%	9	98.91%
秋季	91	76.92%	10	95.6%
冬季	90	67.78%	16	82.22%

4.2.2　BP 神经网络

利用前日 AQI 和地面及高空共 53 种气象要素资料，通过 MATLAB 编程软件，同样选取 2013—2014 年资料作为训练数据，建立神经网络模型，2015 年资料作为检验数据代入生成 AQI 预报值，与实况对比进行效果检验。所有数据代入 MATLAB 神经网络工具箱之前都进行标准化处理，使得每个因子的数据标准化达到[−1,1]区间，输出结果后再反标准化处理。隐藏层节点数为 BP 神经网络建模方案，测试了隐藏层个数为 1 到 2，每个隐藏层神经元节点数为 0～10 共 110 种网络结构。

表 4.7 为通过 BP 神经网络计算的各季 AQI 预报模型的参数检验及模型隐藏层节点数。可以看出，每季各模型之间检验值各有高低，选取综合评分较高的作为各季 AQI 的最优预报模型(若综合评分相同则选取 TS 评分较高者)。各季 AQI 的 BP 神经网络模型预报值与实况对比来看，整体上预报与实况的趋势是比较一致的(图 4.5)。夏季综合评分最高达到 92.4%，春季次之 87.2%，秋季比春季略低为 86.9%，冬季最低为 73.9%。

表 4.7　BP 神经网络各季最优 AQI 预报模型效果评价指标及模型隐藏层节点数

季节 模型数	TS	I_{MAE}	T_K	综合评分	第一个隐藏层 节点个数	第二个隐藏层 节点个数
春季	82.6%	11	91.9%	87.2%	3	2
夏季	86.0%	10	98.8%	92.4%	4	8
秋季	83.0%	11	90.9%	86.9%	0	1
冬季	70.0%	16	77.8%	73.9%	2	3

4.2.3　预报效果对比评价

结合表 4.6 和表 4.7 分析，运用回归和 BP 神经网络方法建立的各季模型预报效果都比较好，综合评分多在 75%以上，平均绝对误差都在 20 以内，预报准确率多在 80% 以上，说明两种方法建立的预报模型是有效的，各季综合评分两者差异较小多在 1 个百分点以下，仅冬季回归模型略高 1.1%。由于 MATLAB 计算的 BP 神经网络结果并不是一个实在的函数模型，生成的是一个不可见的运算程序，在实际运用中有一定难度，且两者之间预报效果相差不多，因此，在业务中回归模型可用性更高一些。

对 2015—2016 年逐日回归模型和 CUACE 模式的 AQI 预报值和实况值进行对比检验分

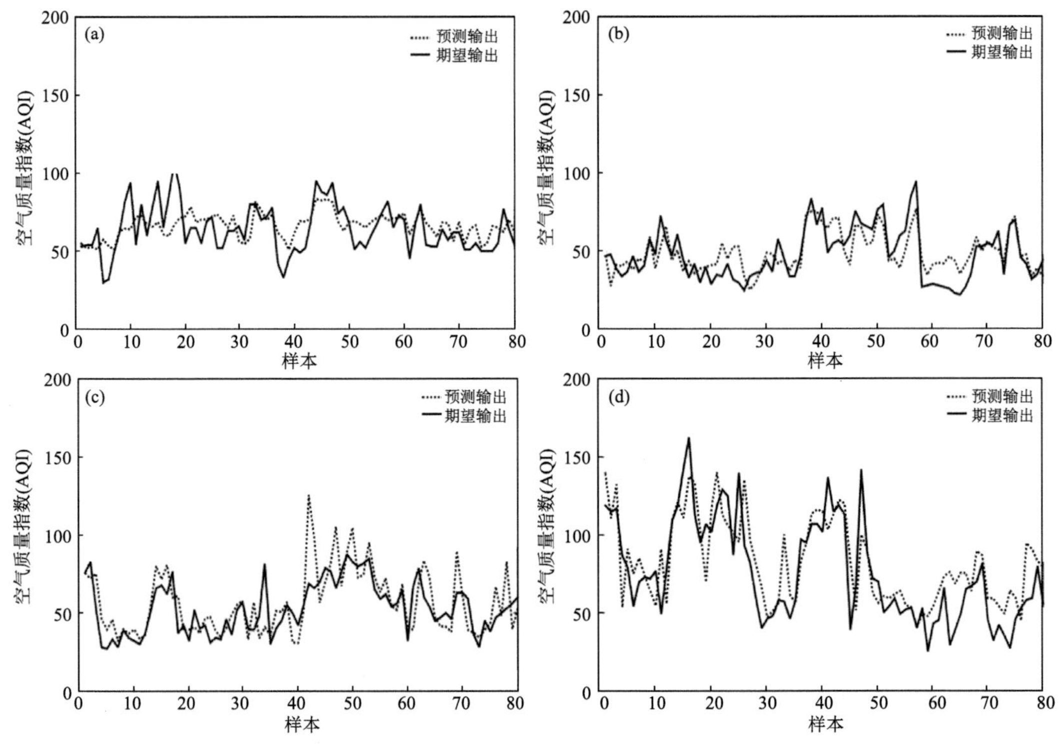

图 4.5　BP 神经网络春(a)、夏(b)、秋(c)、冬(d)季模型预报值与实况对比

析，因模型预报因子来源于 ECMWF 要素预报资料，因此去除无 ECMWF 资料日后剩余样本 330 d，评价指标见表 4.8，TS 评分相差 16.2%，平均绝对误差相差 9，预报准确率相差 20%，各项指标均显示出回归模型的预报效果优于 CUACE 模式。因此，基于分季节建立的 AQI 回归模型预报方法在实际业务中具有较强的指导意义。在实际业务中，可应用回归模型和 CUACE 模式预报，结合第二天的大气环流背景特征，多偏向于回归模型，综合客观预报和主观判断来做出空气质量指数预报。由国家气象中心下发的全国省会城市及计划单列市空气质量预报评分中可看出，按照此方法的 2016 年比 2015 年综合预报评分提高 3.06，排名上升三位，空气质量预报得到有效提高。

表 4.8　回归模型与 CUACE 模式产品效果评价指标对比

方法	TS	I_{MAE}	T_K	综合评分
回归模型	68.5%	14	87.9%	78.2%
CUACE 模式	52.3%	23	67.9%	60.1%

4.3 空气污染气象条件预报

空气污染气象条件预报又称空气污染趋势预报，是指预测气象条件与污染物扩散之间的关系。由于空气中的污染物在大气中的传播、扩散受到气象条件的制约，因此充分利用气象条件便可成为防治污染有效而又现实的途径之一。当预报未来将出现易于形成污染的气象条件时，有关部门就有可能及时采取措施，控制或减少污染物的排放量，降低或避免污染物对周围环境的影响，个人也可以采取相应的措施，在污染比较严重的地区减少在室外的时间，少开门窗，尽量减低空气污染造成的伤害；另外也可以利用有利的气象条件进行自然净化。

以是否有利于空气污染物稀释、扩散和清除为主要依据，空气污染气象条件预报等级从好到极差划分为六级（表4.9）。

表4.9　空气污染气象条件预报等级

等级	评价	描述
一级	好	非常有利于空气污染物稀释、扩散和清除
二级	较好	较有利于空气污染物稀释、扩散和清除
三级	一般	对空气污染物稀释、扩散和清除无明显影响
四级	较差	不利于空气污染物稀释、扩散和清除
五级	差	很不利于空气污染物稀释、扩散和清除
六级	极差	极不利于空气污染物稀释、扩散和清除

由于空气污染气象条件无实际观测值，利用空气质量监测值对应的等级（6个等级）近似作为空气污染气象条件等级值，以及地面和高空气象要素观测资料，通过SPSS统计软件的分类判别分析法，得出分类函数模型，利用欧洲中心高分辨率数值模式的要素预报，代入分类函数模型分别计算，取最大值对应的等级作为站点空气污染气象条件预报。

4.3.1　主观预报着眼点

空气污染与季节变化关联较大，当天气形势出现相应的天气概念模型时，还要考虑温、湿、风、气压、降水、大气层结状况等因素。判断出现空气污染主要可参考以下两条。

（1）高压类：多出现在春、秋季。高空高压环流或高压脊东移至贵州东部至湖南一线，贵州大部处于高压后部偏南气流控制；地面处于高压后部或均压场中。850 hPa高压后部偏南风风速小于4 m/s，地面风速小于3 m/s，贵州海平面气压差小于或等于3 hPa，相对湿度小于90%，总云量大于5成。

（2）准静止锋类：以秋、冬及初春季为主。准静止锋位于云南西部与贵州西部之间，且至少维持3 d以上。地面风速较小，湿度较低，贵州大部无降水，仅在准静止锋附近有微量降水。在准静止锋后贵州中东部地区，地面风速小于或等于3 m/s，相对湿度小于90%，无降水出现，700 hPa西南气流风速小于12 m/s，850 hPa偏东北风小于4 m/s，贵阳探空显示低层有锋面逆温存在。

4.3.2　建模方法

判别分析过程是基于对预测变量的线性组合，这些预测变量应能够充分体现各类别之间的差异。判别分析从已确定类别样本中拟合判别函数，再把判别函数应用于相同变量所记录的新数据集，以判断新样本的类别归属，分为Bayes判别和Fisher判别，本研究所利用的是

Fisher 判别方法。

Fisher 判别是一种依据方差分析原理建立的判别方法,它的基本思路是投影。对 p 维空间中的点 $x_i = (x_{i1}, x_{i2}, \cdots, x_{ip})$,其中 $i = 1,2,\cdots,n$。找一组线性函数 $y_m(x_i) = \sum_j C_j \times x_{ij}$, $j = 1,2,\cdots,m$。一般有 $m < p$,用它们把 p 维空间中的观测点都转换为 m 维的,再在 m 维空间中对观测集进行分类。降维后的数据应最大限度的缩小同类中观测直接的差异,并最大限度地扩大不同类别观测之间的差异,如此才能获得较高的判别效率。在此采用方程分析的思想,依据使组间均方差之比最大的原则,选择最优的线性函数。

执行判别分析过程的步骤:

(1)依据已知类别的观测集使用步进式方法建立一系列分类规则或判别规则;

(2)运用所建规则对分析样本,验证样本进行分类检验,得到样本的判别准确率;

(3)选择拥有较高准确率的判别规则,应用于新样本的类别判断。

由以上步骤可见,判别分析过程的输出主要有分类规则和分类结果两部分。分类规则即 Fisher 线性分类函数,是针对每个类别分别建立的一组函数,它可以方便的应用于对新样本的分类预测。分类结果依据建立的分类规则对原始样本集重新进行分类,通过比较预测分类与原始分类,确定对初始样本的判别准确率。

4.3.3 客观预报模型

前文已分析过,空气质量指数具有显著的季节变化特征,除了污染物排放具有季节性变化特征外,气象条件也具有季节性特征;夏季降水多等气象条件易使污染物得以稀释、沉降或扩散,空气污染气象条件等级较低,冬季则相反。各季均利用 2013—2014 年数据进行建模,2015 年数据进行检验。

(1)春季模型:从近 3 a 空气质量监测资料中可知,春季 AQI 等级最大为 4 级,建模时只能对已知数据的级别进行分类,因此,根据判别分析分类法,得出分类模型 4 个:

$$Y_1 = 1.043 X_1 - 0.144 X_2 + 2.937 X_3 + 0.786 X_4 + 0.211 X_5 - 60.287$$

$$Y_2 = 1.071 X_1 - 0.098 X_2 + 2.286 X_3 + 0.818 X_4 + 0.068 X_5 - 53.461$$

$$Y_3 = 0.96 X_1 - 0.184 X_2 + 2.003 X_3 + 1.002 X_4 + 0.129 X_5 - 44.772$$

$$Y_4 = 0.868 X_1 - 0.122 X_2 + 1.493 X_3 - 0.175 X_4 + 0.117 X_5 - 35.793$$

式中:Y 分别为各等级的评分值,Y 值最大对应的下标即为空气污染气象条件等级(其他季节同义,不再赘述);X 值代表筛选出的气象要素,X_1 表示 850 hPa 08 时相对湿度、X_2 表示 850 hPa 20 时相对湿度、X_3 表示 10 m 08 时风速、X_4 表示 08 时总云量、X_5 表示地面 2 m 14 时相对湿度。

(2)夏季模型:夏季 AQI 仅出现过 1 级和 2 级,根据判别分析分类法,得出分类模型 2 个:

$$Y_1 = 19.729 X_1 + 6.207 X_2 - 33.008 X_3 + 0.528 X_4 + 1.603 X_5 + 27.339 X_6 + 30.264 X_7 + 7.447 X_8 - 58150.184$$

$$Y_2 = 19.695 X_1 + 6.104 X_2 - 34.388 X_3 + 0.696 X_4 + 1.583 X_5 + 27.011 X_6 + 31.362 X_7 + 7.105 X_8 - 57934.201$$

式中,X_1 表示 500 hPa 20 时高度、X_2 表示地面 2 m 14 时相对湿度、X_3 表示地面 2 m 08 时气

温、X_4 表示 700 hPa 20 时风速、X_5 表示 500 hPa 08 时相对湿度、X_6 表示 850 hPa 20 时风速、X_7 表示 850 hPa 08 时温度、X_8 表示 700 hPa 08 时风速。

(3)秋季模型:秋季 AQI 等级最大也为 4 级,根据判别分析分类法,得出分类模型 4 个:

$$Y_1 = 2.577\,X_1 + 0.103\,X_2 + 1.089\,X_3 + 3.212\,X_4 + 1.206\,X_5 - 163.73$$

$$Y_2 = 2.359\,X_1 + 0.081\,X_2 + 0.855\,X_3 + 3.033\,X_4 + 0.776\,X_5 - 144.101$$

$$Y_3 = 2.071\,X_1 + 0.061\,X_2 + 0.746\,X_3 + 2.81\,X_4 + 1.249\,X_5 - 125.065$$

$$Y_4 = 2.414\,X_1 + 0.108\,X_2 + 1.108\,X_3 + 3.227\,X_4 - 0.058\,X_5 - 166.2$$

式中,X_1 表示 850 hPa 08 时风速、X_2 表示 700 hPa 08 时相对湿度、X_3 表示 500 hPa 08 时温度、X_4 表示地面 2 m 08 时相对湿度、X_5 表示地面 10 m 14 时风速。

(4)冬季模型:冬季 AQI 等级最大为 5 级,根据判别分析分类法,得出分类模型 5 个:

$$Y_1 = 1.768\,X_1 + 0.343\,X_2 + 0.895\,X_3 - 53.765$$

$$Y_2 = 1.715\,X_1 + 0.227\,X_2 + 0.844\,X_3 - 45.412$$

$$Y_3 = 1.509\,X_1 + 0.168\,X_2 + 0.778\,X_3 - 38.127$$

$$Y_4 = 1.287\,X_1 + 0.118\,X_2 + 0.767\,X_3 - 36.831$$

$$Y_5 = 2.005\,X_1 + 0.201\,X_2 + 0.923\,X_3 - 58.719$$

式中,X_1 表示 850 hPa 08 时风速、X_2 表示 700 hPa 08 时风速、X_3 表示地面 2 m 08 时相对湿度。

4.3.4　效果评价

根据以上 4 个季节空气污染气象条件预报模型,对 2015 年每日按对应季节的模型进行空气污染气象条件计算,结果见表 4.10。可以看出,各季的样本数约 90 d,各模型的预报结果主要集中在完全正确和有 1 级偏差的两类中;误差为 2 级的天数四季共有 9 d,且多出现在春季,均存在预报偏高。四季完全正确天数依次是:61 d、70 d、65 d 和 44 d,完全正确率夏季最高达到 76.1%,秋季次高也超过了 70%,春季为 66.3%,冬季最低为 49.4%。因冬季有 5 个预报模型,能基本达到完全正确及偏差为 1 级的预报效果已相当不错。单从预报效果来看,总的来说 4 个模型还是有一定的预报能力,根据它们的预报特点分析来看,春季高等级的预报值存在偏大的可能性较大,而冬季常存在预报偏差为 1 级可能性,根据这两个鲜明的特点,在实际业务工作中,可根据大气环流形势场结合高低空配置,来判断模型预报结果的偏差可能性,对其进行经验订正。

表 4.10　各季空气污染气象条件预报模型效果评估

	总天数/d	完全正确天数/d	误差为 1 级的天数/d	误差为 2 级的天数/d	完全正确率
春季	92	61	24	7	66.3%
夏季	92	70	22	0	76.1%
秋季	91	65	25	1	71.4%
冬季	89	44	44	1	49.4%

第 5 章 贵州环境气象预报业务系统

5.1 系统业务功能

5.1.1 数据管理子系统

数据管理子系统作为贵州省环境气象预报业务系统的数据来源核心，负责数据收集、预处理，数据标准、规范的存储管理，实现数据库信息的录入和配置。作为所有环境气象服务数据和产品的来源，为系统上层应用提供数据服务，是数据管理与处理的重要基础。

根据实际业务需求，随着气象业务和探测手段的不断发展，资料种类将不断增加，环境气象预报业务系统采用 SOA 架构，对核心功能以标准组件的形式进行封装，建立一个可扩展环境气象预报业务数据服务框架，满足未来功能可扩展的业务需要。同时，环境气象预报业务系统的运行为 7×24 h 的不间断的自动运行，即除必要的少量配置文件的修改之外，日常的业务均由系统自动运行、无需人工干预。同时对配置文件的修改要提供可视化的界面，便于业务人员开展人机交互工作，对策略、目录等配置信息进行方便的修改于维护。

5.1.2 产品制作子系统

产品制作子系统集产品制作、审核、发布模块于一体的环境气象服务产品协同制作平台，实现贵州省环境气象预报业务的流程化、信息化、集约化和智能化。

5.1.3 产品服务子系统

产品服务子系统通过统一门户网站为专业用户提供贵州环境气象预报服务信息查询服务。

作为整个系统的对外服务入口，提供环境气象实况资料信息、环境预报服务产品、模式预报产品、专题服务的在线查询功能。用户可以通过点击地图获取该区域实时的监测信息，并且可通过平面图、曲线图、色斑图等形式查看指定的要素信息。

服务系统是展示系统所有环境气象信息的平台，包括图片、文字、表格等形式，且 24 h 通畅，由于系统故障等原因中断必须尽快恢复并同时以邮件或传真形式按时提供服务。

用户都可以通过此门户对环境气象预报业务系统的业务产品（信息）、数据进行检索、下载等，方便用户使用。同时支持门户板块动态管理，包括：新增、删除、修改板块操作。

主要功能包括：实况监测、环境预报、模式预报和专题产品。用户登录系统后，系统自动判断当前用户的类型，根据用户的权限进行数据检索和下载。

5.1.4　系统管理子系统

系统管理作为此系统的基础服务模块，主要维护系统的模块、用户信息的注册、账号的分配、角色的维护以及权限的控制等。其功能模块包括：功能管理、部门管理、用户管理、角色管理。

通过用户、角色、流程三种不同的管理维度，进行业务产品与数据资料权限的控制。从业务维度，将权限细化到具体的业务主题、产品类型或某一产品上，根据业务需求进行不同级别的授权。实现不同用户可访问、下载等资料产品不同。

实现对系统管理功能的增加，包括对功能的管理、流程的管理和日志的管理。

5.2 系统框架结构

5.2.1　技术架构

本系统技术架构如图 5.1 所示。

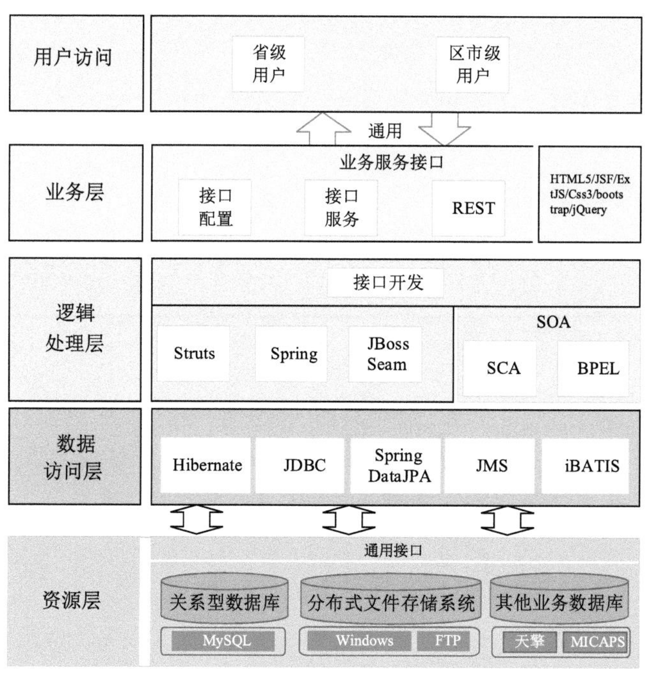

图 5.1　技术架构图

（1）资源层。该层是系统中各种数据的来源，其中包括关系型数据库（MySQL）、分布式文件存储系统（Windows、FTP）、其他业务数据库（天擎、MICAPS）等。每种数据的格式均不相同，在该层之上封装一层统一数据接口，通过统一接口实现不同来源的数据统一处理，做到程序与数据源松耦合。

（2）数据访问层。数据访问层利用 Hibernate、JDBC、iBATIS 等技术，根据特定的业务接口参数，组装成对应数据库类型的 SQL 查询，获取接口数据。

（3）逻辑处理层。系统通过对各类型数据的处理，基于 SOA 框架体系，采用 Struts、Spring 框架技术，进行统一的业务逻辑处理。

（4）业务层。业务层基于 WebService、REST、HTML5、jQuery 等技术原理，按照 SOA 协议将逻辑处理层返回的数据结果。

（5）用户访问。实现了对环境实况数据、模式预报数据、环境预报产品等的查看。

5.2.2 技术分布

5.2.2.1 B/S（浏览器/服务器模式）

随着 Internet 技术的兴起，对 C/S 结构的一种改进。在这种结构下，软件应用的业务逻辑完全在应用服务器端实现，用户业务完全在 Web 服务器实现，客户端只需要浏览器即可进行业务处理，是一种全新的软件系统构造技术。这种结构更成为当今应用软件的首选体系结构。由于这种技术平台方案下所有的客户端程序都是动态的下载到浏览器上执行的，所以最大限度地方便了用户部署和维护大型软件系统，从而大大降低了用户目标系统的总体拥有成本。

在这种结构下，客户端主要负责人机交互，包括一些与数据和应用关系的图形和界面运算；WEB 服务器主要负责对客户端应用程序的集中管理；应用服务器主要负责应用系统的逻辑结构和数据关系，即事务处理。应用服务器又可以根据其处理的具体业务不同而分为多个；数据服务器则主要负责数据的存储和组织、分布式管理、备份和同步等。

5.2.2.2 J2EE 的 MVC 体系

模型-视图-控制结构是 J2EE 结构应用软件广泛使用的一种体系结构。它有效地在存储和展示数据的对象中区分功能模块以降低它们之间的连接度，这种体系结构将传统的输入、处理和输入模型转化为图形显示的用户交互模型，或者换一种说法，是多层次的 Web 商业应用；MVC 体系结构具有三个层面：模型（Model）层、视图（View）层和控制（Controller）层，每个层面有其各自的功能作用，MVC 体系结构如图 5.2 所示。

模型层负责表达和访问商业数据，执行商业逻辑和操作。也就是说，这一层就是现实生活中功能的软件模拟；在模型层变化的时候，它将通知视图层并提供后者访问自身状态的能力，同时控制层也可以访问其功能函数以完成相关的任务。

视图层负责显示模型层的内容。它从模型层取得数据并指定这些数据如何被显示出来。在模型层变化的时候，它将自动更新。另外视图层也会将用户的输入传送给控制器。

控制层负责定义应用程序的行为。它可以分派用户的请求并选择恰当的视图以用于显示，同时它也可以解释用户的输入并将它们映射为模型层可执行的操作；在一个图形界面中，常见的用户输入包括点击按钮和菜单选择。在 Web 应用中，它包括对 Web 层的 HTTP GET

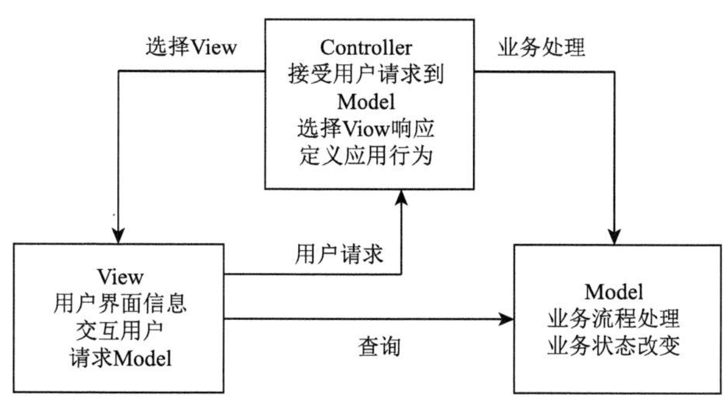

图 5.2 系统基于 J2EE 的 MVC 体系

和 POST 的请求；控制层可以基于用户的交互和模型层的操作结果来选择下一个可以显示的视图，一个应用程序通常会基于一组相关功能设定一个控制层的模块，甚至一些应用程序会根据不同的用户类型具有不同的控制层设定，这由于不同用户的视图交互和选择也是不同的。

在模型层、视图层和控制层之间划分责任可减少代码的重复度，并使应用程序维护起来更简单。同时由于数据和商务逻辑的分开，在新的数据源加入和数据显示变化的时候，数据处理也会变得更简单。

5.2.3 逻辑架构设计

贵州省环境气象预报服务系统是一个功能齐全、扩展性高、集成度强，面向多用户群体的实时查看气象相关要素，制作气象产品的系统，根据气象信息服务的业务实际情况、系统设计原则和设计思路，图 5.3 为系统逻辑架构图。

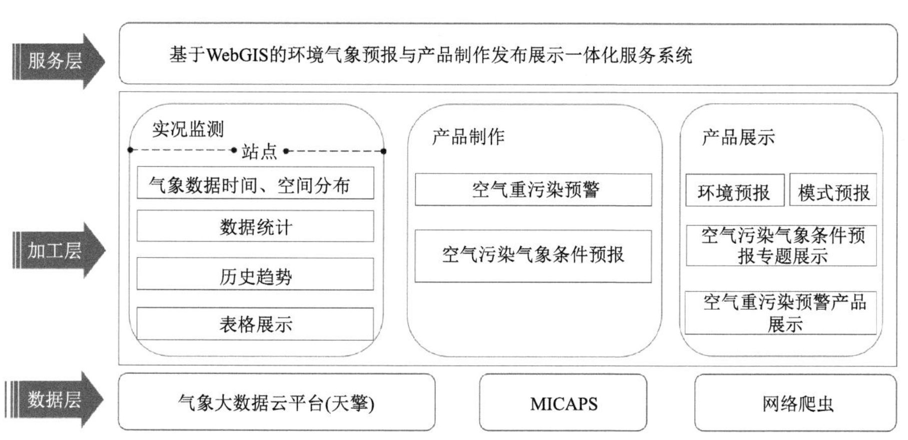

图 5.3 逻辑架构图

5.2.4 系统业务流程设计

系统主要分为数据源采集、数据存储、产品加工制作、审核发布、共享服务五个步骤，实现包括观探测资料、业务产品及业务管理信息的采集展示和共享服务。系统业务流程如图 5.4 所示。

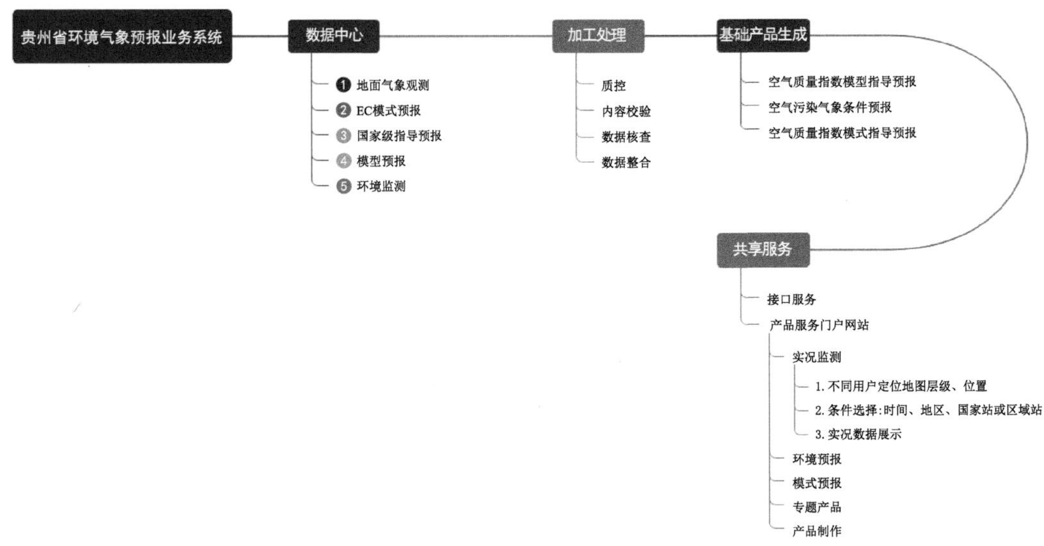

图 5.4　系统业务流程图

5.2.5　网络环境

本系统部署在局内网中,网络部署结构见图 5.5。

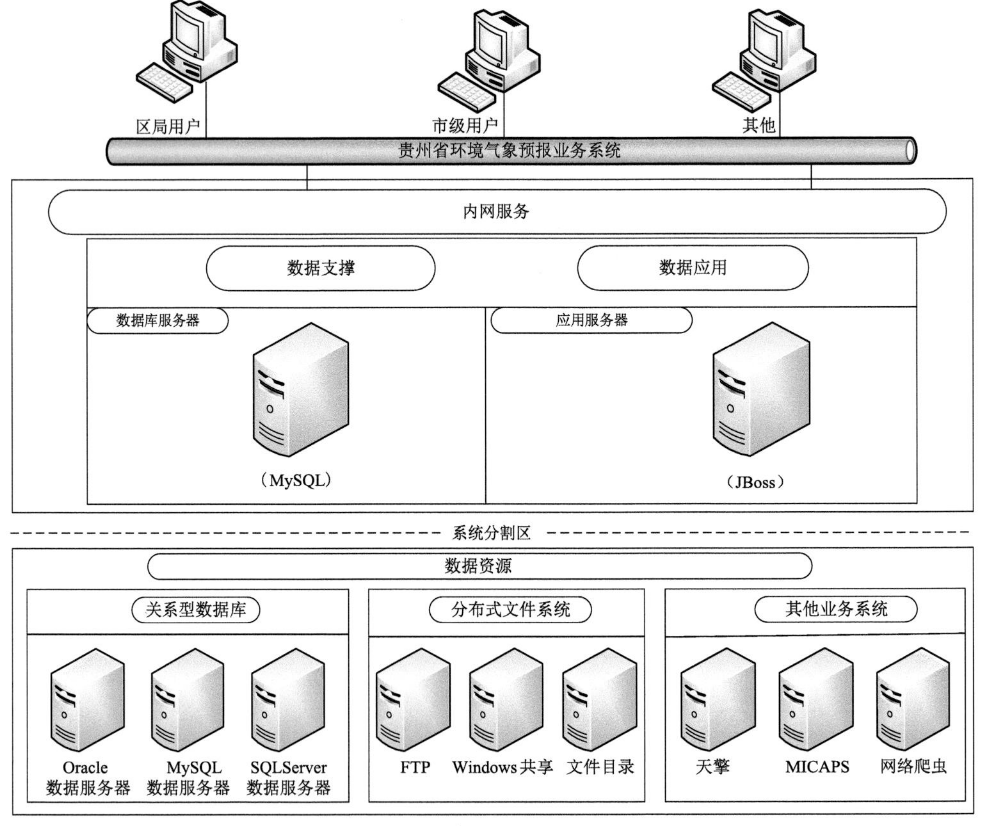

图 5.5　网络部署结构图

5.3
系统主要模块

5.3.1　功能需求

系统功能模块主要包括数据管理子系统、产品制作子系统、产品服务子系统和系统管理子系统（图 5.6）。

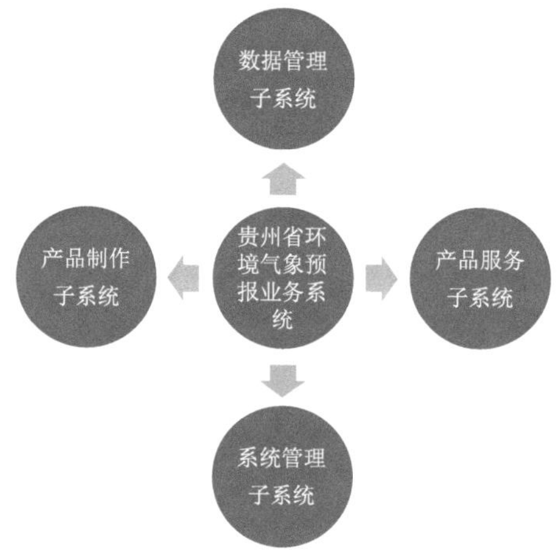

图 5.6　系统总体功能描述

系统总体功能模块详细结构如图 5.7 所示。

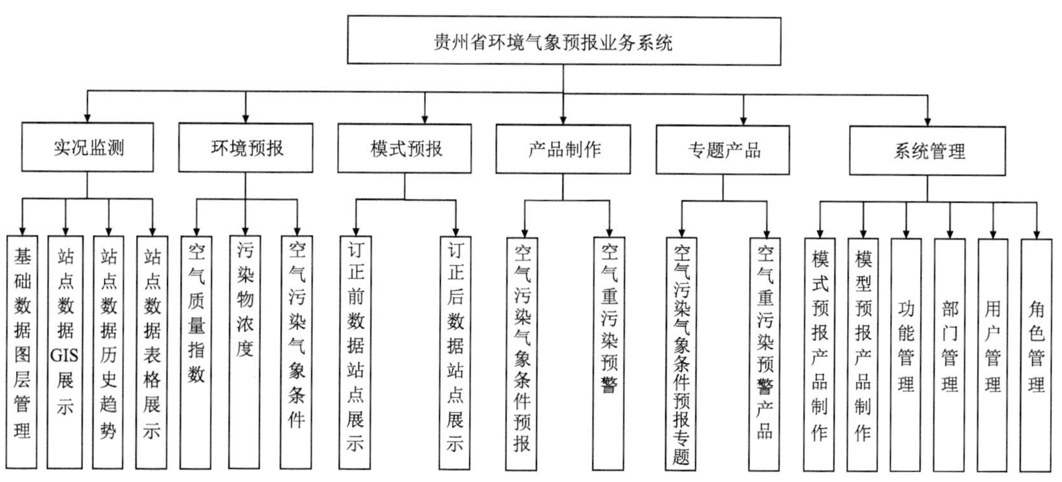

图 5.7　系统总体功能结构示意图

5.3.2 实况监测

5.3.2.1 基础数据图层管理

GIS 填图展示：可根据选择的行政区划信息，对地图进行不同层级的展示。

要素值展示：基于 WEBGIS 技术，根据获取数据的经度、维度，定位到地图上，并在地图上展示要素。

地图缩放：地图支持不同层级的大小缩放。

5.3.2.2 站点数据 GIS 展示

站点实况数据 GIS 展示分为环境要素市平均实况、环境要素监测点实况 2 个部分。

环境要素市平均实况是根据用户选择时间、地区，展示对应地区环境气象要素信息。环境要素包括：AQI、$PM_{2.5}$、PM_{10}、SO_2、NO_2、CO、O_3，鼠标移动到站点，自动浮窗展示站点的站名、时间、空气质量指数、等级、首要污染物等信息。环境要素市平均实况的效果如图 5.8 所示。环境要素监测点实况是根据用户选择时间、地区，展示对应地区环境气象要素信息。环境要素包括：AQI、$PM_{2.5}$、PM_{10}、SO_2、NO_2、CO、O_3，鼠标移动到站点，自动浮窗展示站点的站名、时间、空气质量指数、等级、首要污染物等信息。

图 5.8 环境要素市平均实况图

5.3.2.3 站点数据历史趋势

站点数据历史趋势模块功能分为：环境要素市平均站点历史趋势、环境要素监测点站点历史趋势两个部分。

环境要素市平均站点历史趋势在系统的实况监测界面，用户选中查看的数据类型，GIS 地图上展示对应的类型实况信息，根据浮窗展示的监测点信息，用户可点击需要查看的监测点的过去 24 h 历史趋势信息。环境要素市平均站点历史趋势界面的效果如图 5.9 所示。在系统的监测点历史趋势界面，用户可以选择展示数据的不同环境要素类型：AQI、$PM_{2.5}$、PM_{10}、SO_2、NO_2、CO、O_3，展示不同环境要素过去 24 h 的趋势情况。

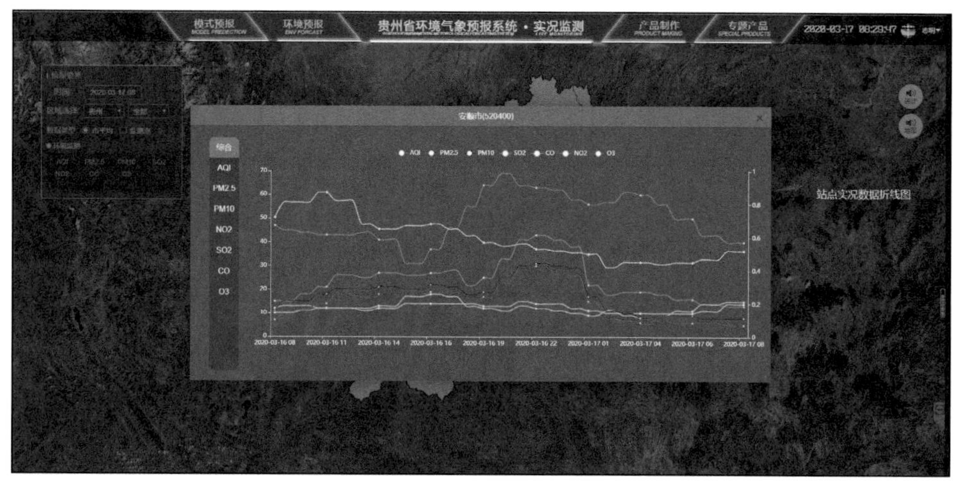

图 5.9　环境要素市平均站点历史趋势界面效果图

5.3.2.4　站点数据表格展示

在系统的实况监测界面，点击右上角的表格按钮，用户在弹出的界面中，即可看到所有监测点的环境要素实况信息，以表格形式展示。站点数据表格展示界面的效果类似于图 5.8。

5.3.3　环境预报

5.3.3.1　空气质量指数预报

在环境预报功能模块中，用户点击预报类型，选中空气质量指数预报，默认展示最新的空气质量指数预报信息，用户可选择不同预报时间、预报时效，查看对应预报时间未来 7 天的预报图。预报时效包含：24 h、48 h、72 h、96 h、120 h、144 h、168 h。空气质量指数预报包含：指数、等级、首要污染物。空气质量指数预报的界面效果如图 5.10 所示。

图 5.10　空气质量指数预报的界面效果图

5.3.3.2 污染物浓度预报

在环境预报功能模块中，用户点击预报类型，选中污染物浓度预报，默认展示最新的 $PM_{2.5}$ 预报信息，用户可选择不同预报时间、预报时效，查看对应预报时间未来 7 天的预报图。预报时效包含：24 h、48 h、72 h、96 h、120 h、144 h、168 h。空气质量指数预报包含 $PM_{2.5}$、PM_{10}、O_3。污染物浓度预报的界面效果如图 5.11 所示。

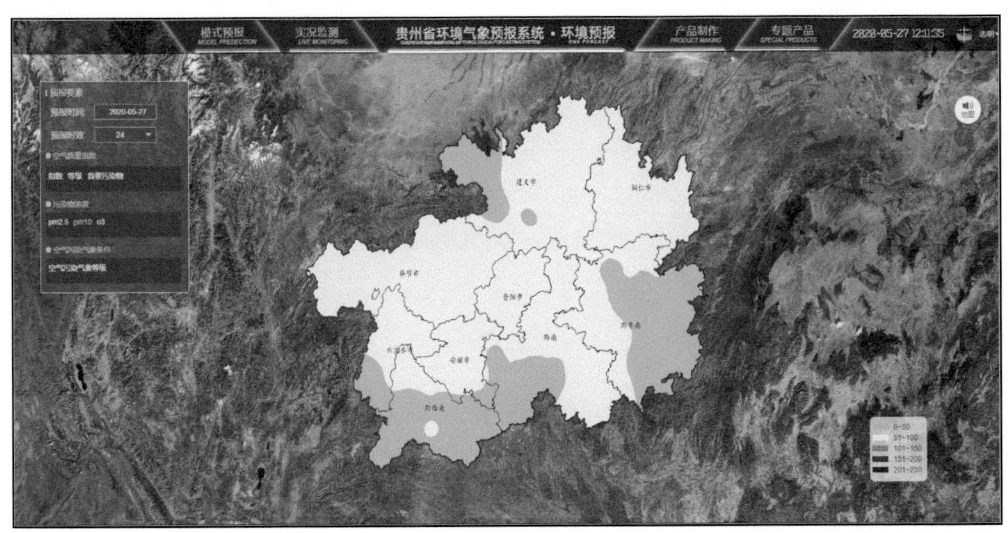

图 5.11　污染物浓度预报的界面效果图

5.3.3.3 空气污染气象条件预报

在环境预报功能模块中，用户点击预报类型，选中空气污染气象条件预报，默认展示最新的空气污染气象条件预报信息，用户可选择不同预报时间、预报时效，查看对应预报时间未来 7 天的预报图。预报时效包含：24 h、48 h、72 h、96 h、120 h、144 h、168 h。空气污染气象条件预报的界面效果如图 5.12 所示。

图 5.12　空气污染气象条件预报的界面效果图

5.3.4　模式预报

在模式预报功能模块中，根据用户选择的预报时间、时效，展示对应条件的模式预报站点数据信息。包括：AQI、$PM_{2.5}$、PM_{10}、SO_2、NO_2、CO、O_3，鼠标移动到站点，自动浮窗展示站点的站名、时间、空气质量指数、等级、首要污染物等信息。模式预报的效果如图 5.13 所示。

图 5.13　模式预报效果图

5.3.5　产品制作

5.3.5.1　空气污染气象条件预报

基于空气污染气象条件预报图形产品，根据预先定义的文档模板，定时日常的进行 word 产品制作。空气污染气象条件预报制作的效果如图 5.14 所示。

5.3.5.2　空气重污染预警

根据预先定义的文档模板，不定时的进行 word 产品制作。空气重污染预警制作的效果类似于图 5.14。

5.3.6　专题产品

用户登录系统后，进入专题产品模块，选择需要查看的专题产品类别，选择要查看产品的时间范围，点击查询，系统会自动获取所选产品类别对应时间的产品数据。系统支持用户对产品的在线预览与下载，以及批量下载功能。环境气象系列产品综合查询显示的效果如图 5.15 所示。

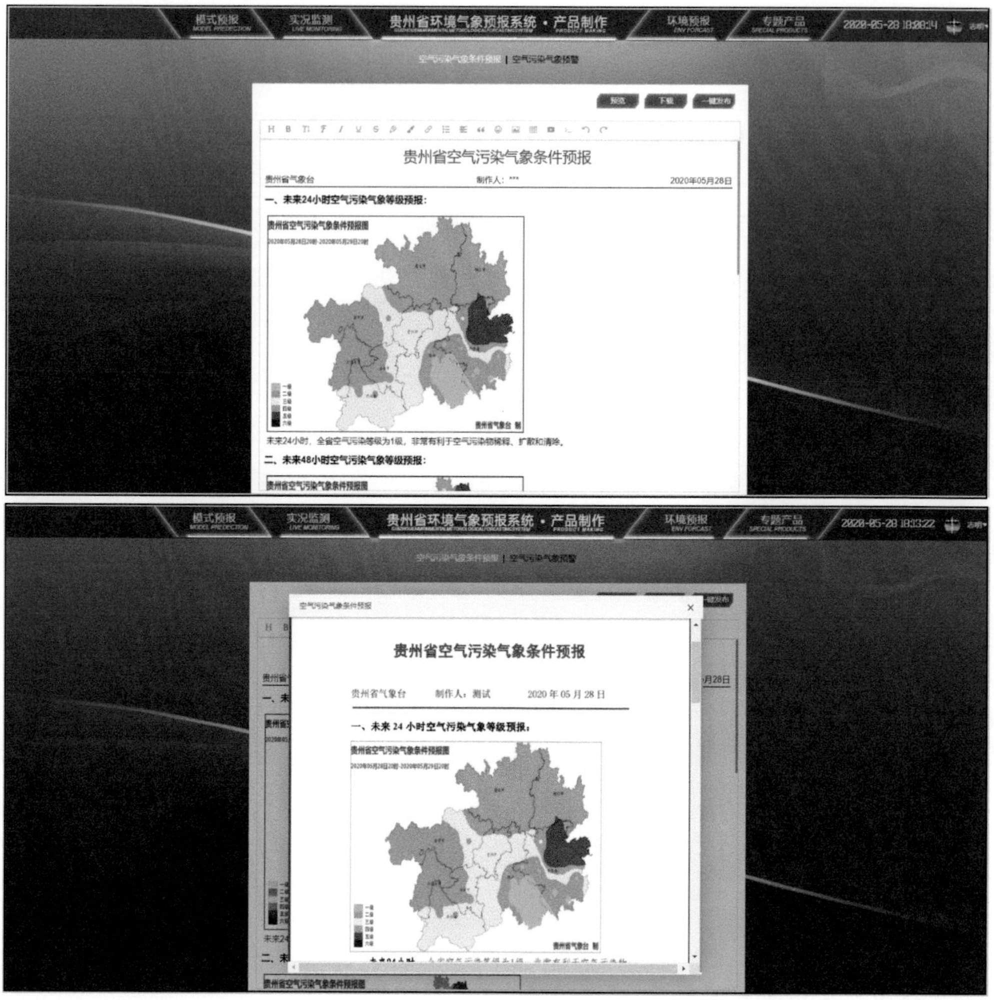

图 5.14　空气污染气象条件预报产品制作效果图

图 5.15　专题产品综合查询显示的效果图

5.3.7　系统管理

系统管理主要包括：模式预报产品制作、模型预报产品制作、功能管理、部门管理、用户管理和角色管理。本节只介绍与业务相关联的产品制作内容。

5.3.7.1　模式预报产品制作

系统会定时的采集、解析、处理中国气象局下发的模式预报产品，以表格形式展示 9 地州的模式预报产品数据。同时根据预先的算法模型，通过 EC 细网格数据、环境实况数据计算得出空气质量指数模式指导数据，作为业务人员进行数据订正的参考依据。业务员可查询不同预报时间的未来 3 天模式预报数据，即 24 h、48 h、72 h 时效的数据。在业务人员完成空气质量指数模式指导产品数据订正后，系统自动将订正后的数据生成符合中国气象局指导产品规范的产品，并上传到中国气象局对应路径下。中国气象局下发指导产品展示数据包括：站点、站号、时效、时间、CO、NO_2、SO_2、O_3、$PM_{2.5}$、PM_{10}、AQI 指数、AQI 等级、首要污染物。指导数据包括：O_3、$PM_{2.5}$、PM_{10}、AQI 指数、AQI 等级、首要污染物。模式预报产品制作和要素配置展示的效果如图 5.16、图 5.17 所示。

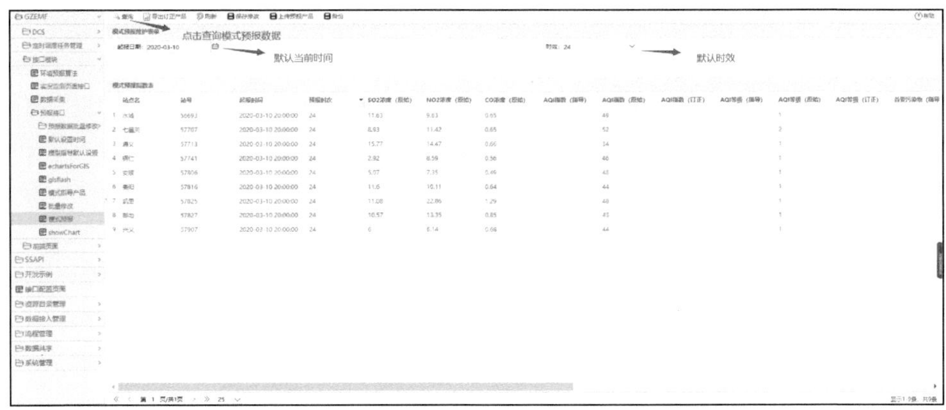

图 5.16　模式预报产品制作的效果图

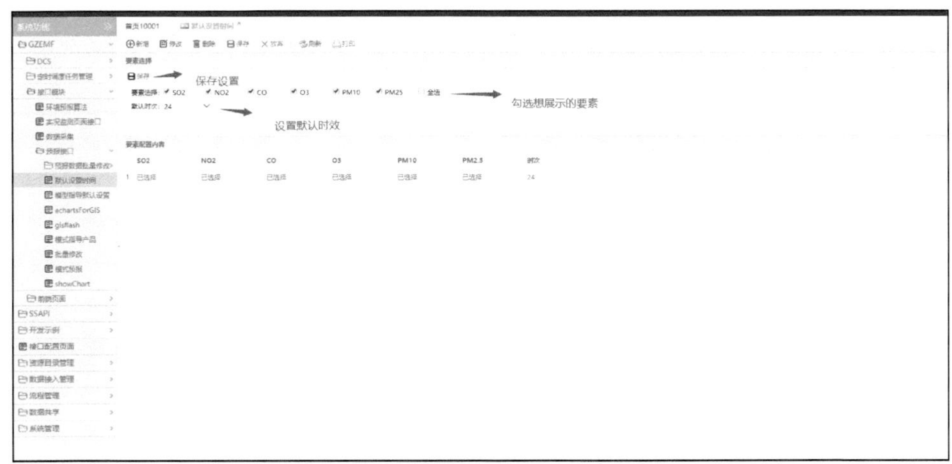

图 5.17　模式预报产品要素展示配置效果图

5.3.7.2 模型预报产品制作

系统以表格形式展示 84 县的模型预报产品数据。同时根据预先的算法模型，通过 EC 细网格数据、环境实况数据计算得出空气质量指数模型指导数据，作为业务人员进行数据订正的参考依据。业务员可查询不同预报时间的未来 7 天模式预报数据，即 24 h、48 h、72 h、96 h、120 h、144 h、168 h 时效的数据。在业务人员完成空气质量指数模式指导产品数据订正后，点击生成色斑图按钮则会根据预先定义的产品色标进行环境预报产品的制作。展示数据包括：站名、站号、经纬度、时效、时间、O_3、$PM_{2.5}$、PM_{10}、AQI 指数、AQI 等级、首要污染物、空气污染气象条件。模型预报产品制作和要素配置展示的效果如图 5.18、图 5.19 所示。

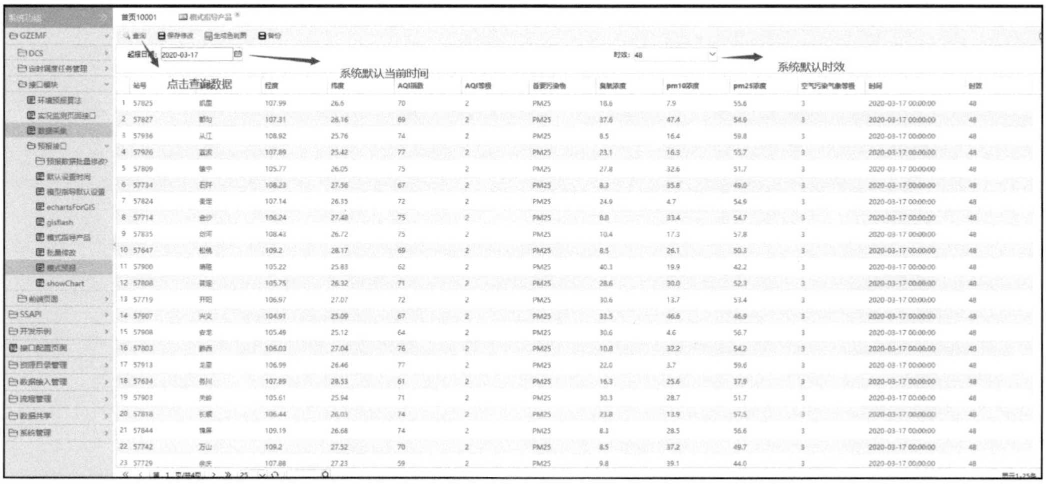

图 5.18 模型预报产品制作效果图

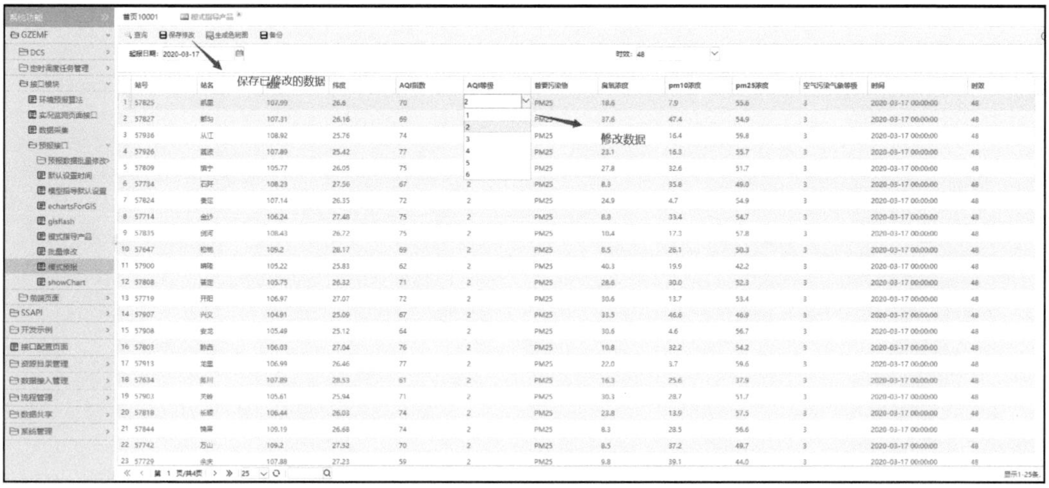

图 5.19 模型预报产品要素展示配置效果图

第 6 章 污染天气典型个例库

6.1 个例 1——2013 年 1 月 11 日(AQI 155 中度污染)

6.1.1 地面形势

2013 年 1 月 11 日 08 时地面,蒙新高地以北有强度为 1040 hPa 的高压中心,滇黔准静止锋位于云南中部,贵州为高压底部均压场、静止锋后,气压在 1025～1030 hPa,贵阳气压 1028.8 hPa,贵州境内气压差最大仅 4 hPa 左右,全省多受偏北气流影响,贵阳本站为东北风 1 级(图 6.1)。

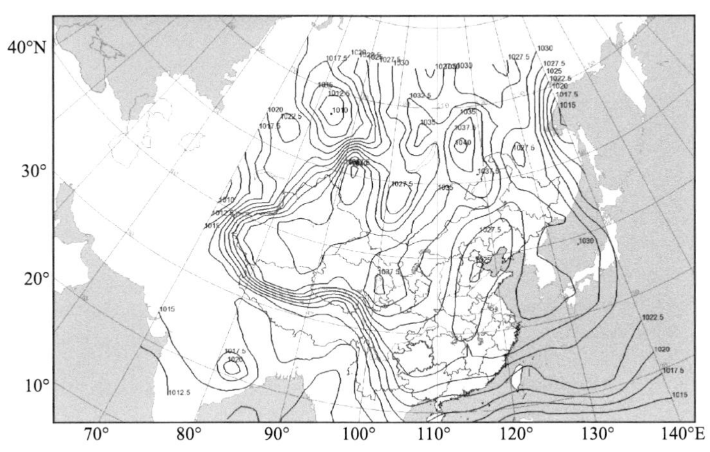

图 6.1 2013 年 1 月 11 日 08 时地面图

从贵阳本站 10 日 08 时—12 日 08 时(发生前、中、后期共 48 h)的压、温、湿三线图(含降水量,下同)显示看出(图 6.2):

气压:贵阳在 10 日 17—23 时气压差+3.7 hPa,11 日 05—11 时气压差+2.4 hPa,11 日 11—17 时气压差为−3.2 hPa,11 日 17—23 时气压差为+2.1 hPa;

温度:10 日 17 时—11 日 05 时气温下降了 4 ℃,最低温度出现在 05 时为−2 ℃,02 时—08 时温差不大;11 日 08—17 时气温回升较明显,20 时后气温降幅较前一日小;

湿度:11 日 02—08 时温度露点差小;11 日 11—23 时温度露点差大。11 日 02 时和 08 时降水量累计超过 1 mm。

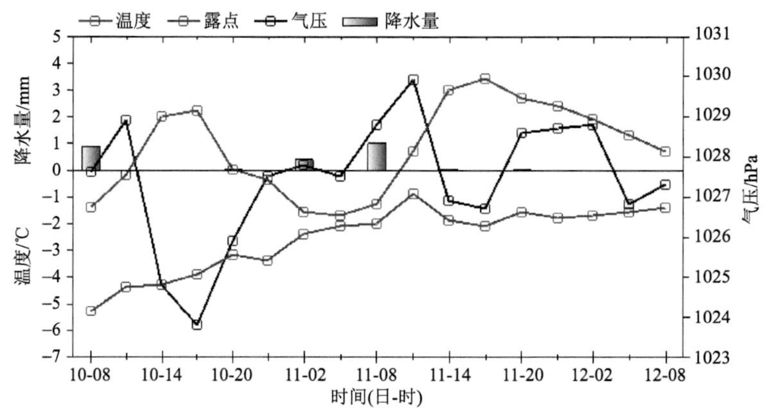

图 6.2　贵阳本站 2013 年 1 月 10 日 08 时—12 日 08 时的压、温、湿三线图

6.1.2　高空形势

2013 年 1 月 10 日 08 时高空，500 hPa 欧亚中高纬地区为“两槽一脊”型，青藏高原东南侧有南支波动，贵州受偏西气流影响，中层为西南气流，低层为偏东气流，贵阳上空阴天，温度露点差 700 hPa 1 ℃、850 hPa 5 ℃；探空图显示，贵阳上空气层稳定，SI＝20.3 ℃，K＝4 ℃，中低层之间(700～800 hPa)有 4 ℃逆温层，近地层略干，中低层湿，云层高度 520 hPa，云层厚(图 6.3)。

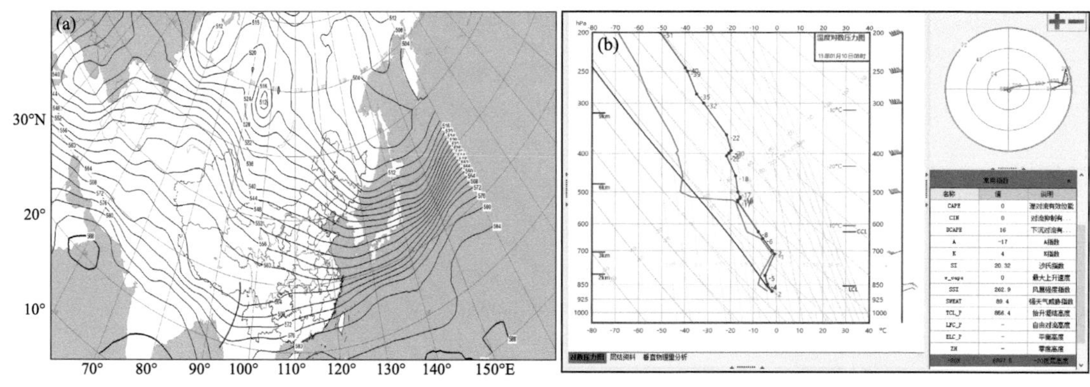

图 6.3　2013 年 1 月 10 日 08 时 500 hPa 高度场(棕色为槽线)(a)和贵阳探空图(b)

11 日 08 时高空，500 hPa 欧亚中高纬地区为“两槽一脊”型，贵州受南支槽前短波波动影响，700 hPa 为偏西气流，850 hPa 为偏北气流，529 hPa 以下温度露点差小于或等于 4 ℃；探空图显示，贵阳大气层结稳定，SI＝19.5 ℃，K＝7 ℃，755～819 hPa 及 713～721 hPa 两层分别有1 ℃ 和 2 ℃的逆温，中低层之间有冷平流，湿度大，以中低云为主(图 6.4)。

6.1.3　小结

本次中度污染是在地面为高压底部均压场，高空受短波槽影响，中层为切变南侧偏西气

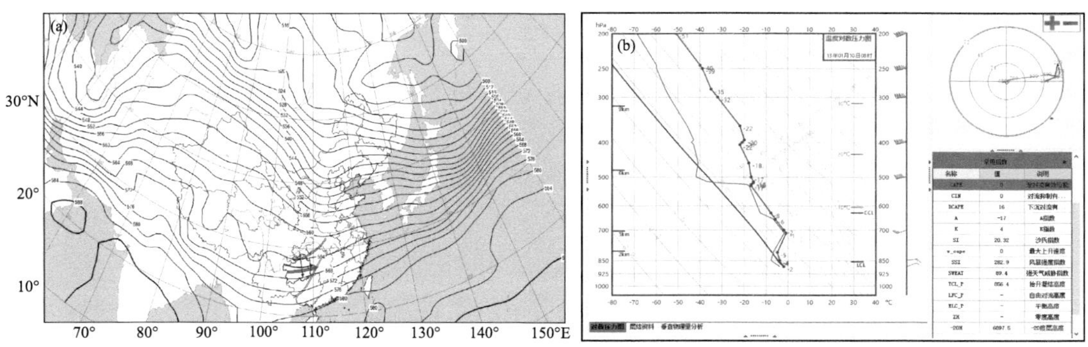

图 6.4　2013 年 1 月 11 日 08 时 500 hPa 高度场及影响系统配置(a)和贵阳探空图(b)

流,低层为切变北侧的偏北气流,存在弱的低空逆温,中、低层间有冷平流,大气层结稳定的背景下发生的。

6.2 个例 2——2013 年 1 月 12 日(AQI 182 中度污染)

6.2.1　地面形势

2013 年 1 月 12 日 08 时地面,欧亚大陆为强大的高压环流控制,高压中心 1045 hPa,滇黔准静止锋位于云南中部,贵州为高压底部均压场,气压在 1026～1031 hPa,贵阳气压 1027.3 hPa,贵州境内气压差最大为 5 hPa 左右,全省多受偏北气流影响,贵阳本站为西北风 2 m/s (图 6.5)。

从贵阳本站 11 日 08 时—13 日 08 时(发生前、中、后期共 48 h)的压、温、湿三线图显示看

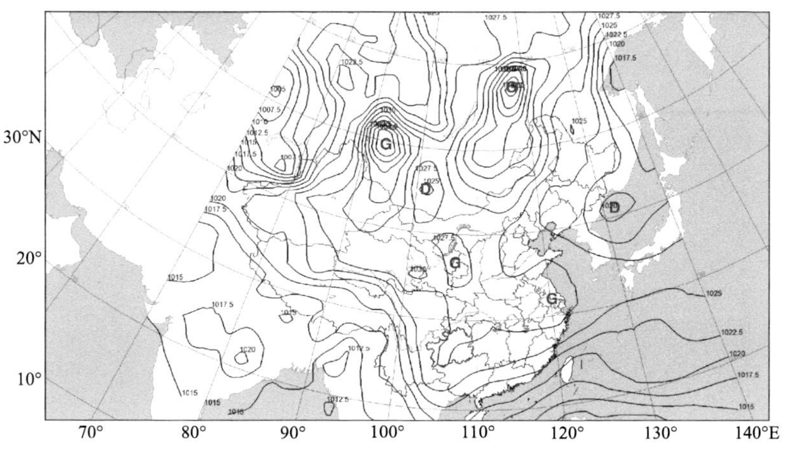

图 6.5　2013 年 1 月 12 日 08 时地面图

出(图 6.6)：

气压：贵阳在 11 日 11—17 时降压阶段，气压差－3.2 hPa；11 日 17—20 时气压差＋1.9 hPa；11 日 20 时—12 日 02 时气压无变化；12 日 02—11 时降压，气压差为－2.2 hPa；12 日 11 时—12 日 17 时最大降压差达－7.3 hPa；

温度：11 日 08—17 时升温＋4 ℃；11 日 17 时—12 日 08 时降温－2 ℃；12 日 08—17 时升温，温差＋8 ℃；

湿度：11 日 08 时仍在降雪，14 时降雪持续，11 日 08—11 时温度露点差最小 0.5 ℃；11 日 14—23 时温度露点差增大；但在 12 日 02—08 时温度露点差又减小为 1 ℃；12 日 08 时以后温度露点差快速增大 10 ℃，天气晴好，无降雨。

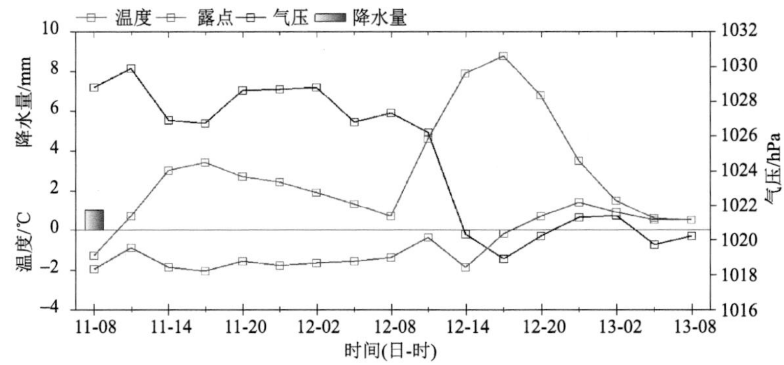

图 6.6 贵阳本站 11 日 08 时—13 日 08 时的压、温、湿三线图

6.2.2 高空形势

12 日 08 时高空，500 hPa 欧亚中高纬地区为“两槽一脊”型，在西伯利亚至我国北方多为西北气流影响，但在西北气流上多分离下滑槽东南移，引导冷空气南下影响，贵州中西部小槽东移，槽后冷平流，槽前贵阳至浙江北部有 24～34 m/s 的西南急流区；700 hPa 贵州为偏西气流，850 hPa 为弱高压底部东北气流，925 hPa 为弱高压前部偏北气流，贵州 700～850 hPa 显著湿区，温度露点差小于 2 ℃；探空图显示，贵阳大气层结稳定，SI＝13.8 ℃，K＝10 ℃，中低层 700～800 hPa 逆温依然存在，温差 1 ℃，湿层延伸至 430 hPa，云层更加深厚(图 6.7)。

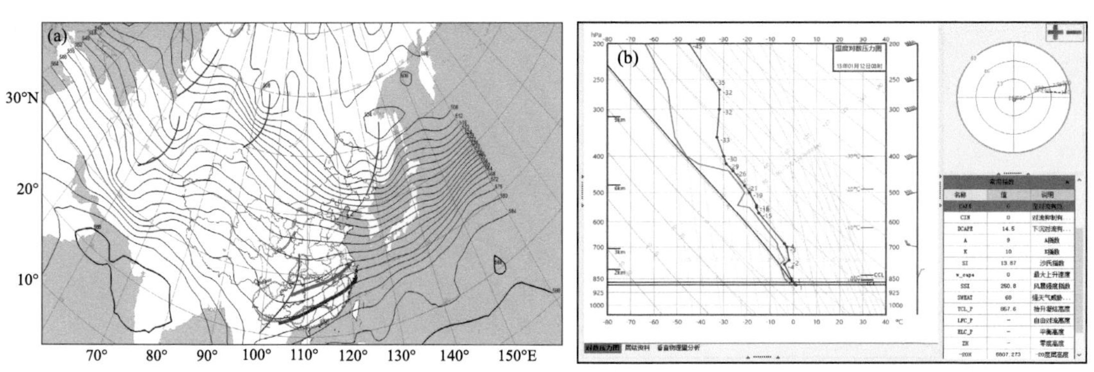

图 6.7 2013 年 1 月 12 日 08 时 500 hPa 高度场及影响系统配置(a)和贵阳探空图(b)

6.2.3　小结

本次中度污染是在地面为高压底部均压场，高空受西北气流下的短波槽影响，中层为西北气流，低层为偏北气流，存在弱的中低层逆温，大气层结稳定的背景下发生的。

6.3
个例 3——2013 年 1 月 13 日（AQI 215 重度污染）

6.3.1　地面形势

2013 年 1 月 13 日 08 时地面，位于蒙新高地附近和贝加尔湖以东的两个高压强度均有所减弱，高压中心为 1037 hPa，贵州为高压底部均压场控制，气压梯度减小，气压在 1020～1022.5 hPa，贵阳气压 1020.2 hPa，贵州境内气压差最大为 3 hPa 左右，全省多受偏南风影响，贵阳本站为南西南风 2 m/s（图 6.8）。

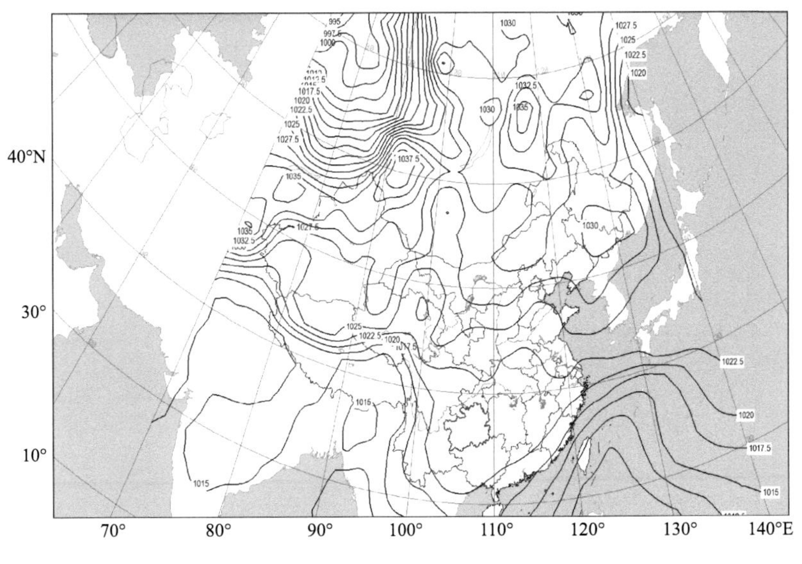

图 6.8　2013 年 1 月 13 日 08 时地面图

从贵阳本站 12 日 08 时—14 日 08 时（发生前、中、后期共 48 h）的压、温、湿三线图显示看出（图 6.9）：

气压：贵阳 12 日 08—17 时气压呈下降趋势，12 日夜间到 13 日早晨气压变化不大；13 日 11—17 时气压下降，气压差−6.3 hPa；13 日 17 时—14 日 02 时气压上升，气压差＋5.9 hPa；

温度：13 日气温继续回升，13 日 05 时、08 时气温最低为 0.5 ℃；08—17 时升温，温差＋12.3 ℃；

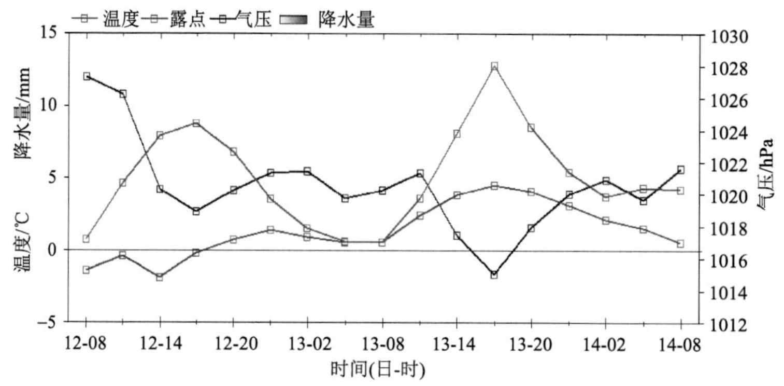

图 6.9 贵阳本站 12 日 08 时—14 日 08 时的压、温、湿三线图

湿度：13 日 05 时、08 时温度露点差最小为 0 ℃；17 时温度露点差最大 8.3 ℃。天气晴好，无降雨。

6.3.2 高空形势

2013 年 1 月 13 日 08 时高空，500 hPa 欧亚中高纬地区为“两槽一脊”型，贵州转为槽后西北气流控制，700 hPa 为偏西气流、气流辐散下沉，850 hPa 为偏南气流；温度露点差：500 hPa 23 ℃、700 hPa 24 ℃、850 hPa 2 ℃；探空图显示，贵阳上空气层稳定，SI＝11.47 ℃，$K=-6$ ℃，中低层之间（763～850 hPa）有 6 ℃逆温层，有暖平流，近地层湿，云层浅薄位于 800 hPa 附近（图 6.10）。

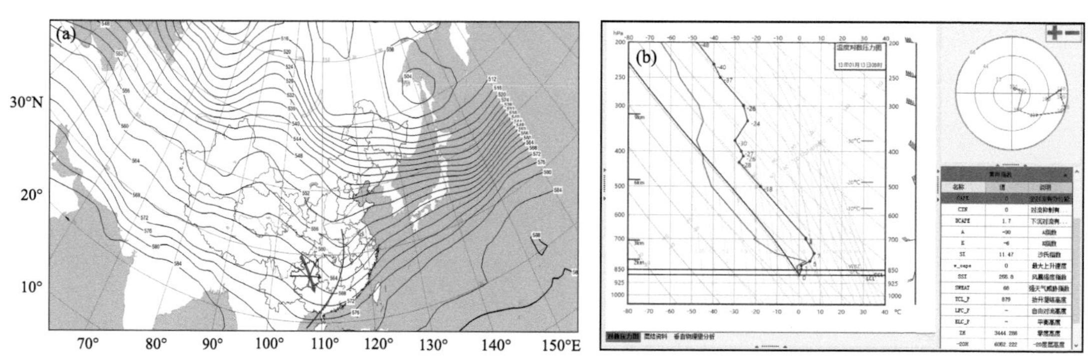

图 6.10 2013 年 1 月 13 日 08 时 500 hPa 高度场及影响系统配置(a)和贵阳探空图(b)

6.3.3 小结

本次重度污染是在地面为高压减弱后均压场，高空受西北气流控制，中层为偏西气流，低层为偏南气流，中层为辐散下沉，中低层有暖平流，存在 6 ℃的强低层逆温，大气层结稳定的背景下发生的。

6.4
个例 4——2013 年 1 月 14 日(AQI 178 中度污染)

6.4.1　地面形势

2013 年 1 月 14 日 08 时地面，在我国东北部有冷锋，蒙古－河西走廊－青海南部还有一冷锋，静止锋位于贵州西部，贵阳位于锋后均压场，气压在 1020.9～1026.2 hPa，贵阳气压 1021.6 hPa，贵州境内东、西部最大气压差仅 5.3 hPa，贵阳本站为北东北风 2 m/s(图 6.11)。

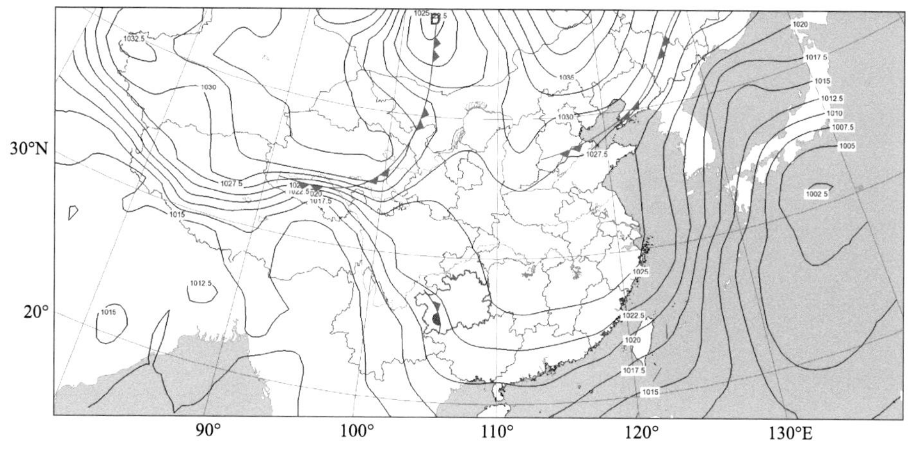

图 6.11　2013 年 1 月 14 日 08 时地面图

从贵阳本站 13 日 08 时—15 日 08 时(发生前、中、后期共 48 h)的压、温、湿三线图显示看出(图 6.12)：

气压：贵阳在 13 日 08—17 时降压阶段，气压差－6.3 hPa；13 日 17 时—14 日 02 时升压阶段，气压差＋5.9 hPa；14 日 02—11 时气压波动上升，气压差＋1.6 hPa；14 日 11—17 时迅

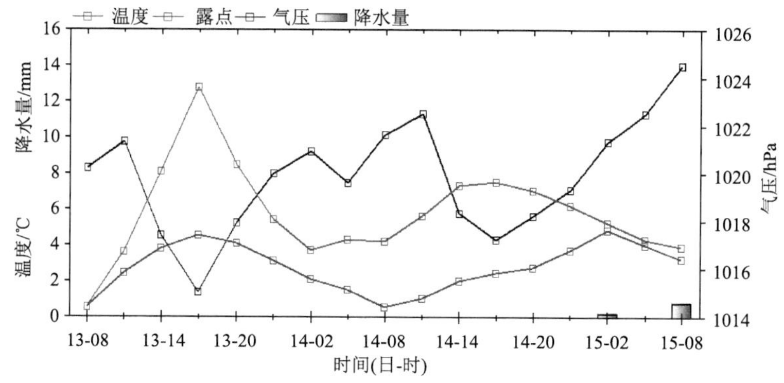

图 6.12　贵阳本站 13 日 08 时—15 日 08 时的压、温、湿三线图

速降压，气压差达－5.3 hPa；14 日 17 时—15 日 08 时持续升压，最大压差达＋7.3 hPa；

温度：13 日 17 时—14 日 02 时降温，温差－9 ℃；14 日 08—17 时升温，温差＋4.2 ℃，污染当天气温日较差比前一日缩小，逐 3 h 变幅稳定；

湿度：13 日 20 时—14 日 08 时温度露点差逐步减小，最小出现在 14 日 02 时 1.6 ℃；14 日 08 时后温度露点差增大；14 日 14—17 时增大到 5 ℃。

6.4.2 高空形势

2013 年 1 月 14 日 08 时高空，500 hPa 欧亚中高纬地区为"两槽一脊"型，贵州受偏西气流控制，内蒙古—甘肃—川西北有高空槽；700 hPa 川西高原有切变，广西到贵州为一致的西南气流；850 hPa 贵州受高压后底部偏东气流影响；探空图显示，贵阳大气层结稳定，SI＝16.54 ℃，K＝5 ℃，中层（627～698 hPa）有 4 ℃下沉逆温存在，中低层间有暖平流，低层略干，700～780 hPa 湿度增加，云层高度 700 hPa，云层较薄（图 6.13）。

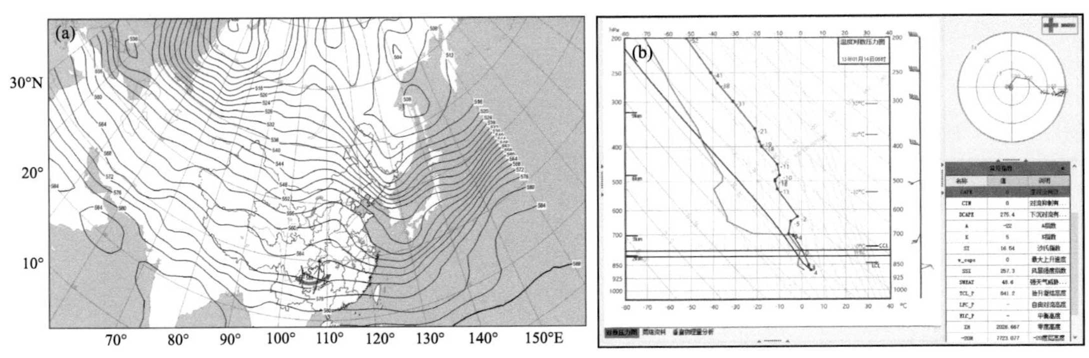

图 6.13　2013 年 1 月 14 日 08 时 500 hPa 高度场及影响系统配置（a）和贵阳探空图（b）

6.4.3 小结

本次中度污染是地面为西部静止锋后均压场，高空气流平直，中层为西南气流，低层为偏东气流，中低层间有暖平流，存在中层下沉逆温，大气层结稳定的背景下发生的。

6.5 个例 5——2013 年 1 月 26 日（AQI 156 中度污染）

6.5.1 地面形势

2013 年 1 月 26 日 08 时地面，欧亚大陆为高压环流控制，贵州为高压底部均压场，气压在 1022.0～1025.5 hPa，贵阳气压 1023.7 hPa，贵州境内气压差最大仅 2～3 hPa，全省多受偏北气流影响，风速较小，贵阳本站为静风(图 6.14)。

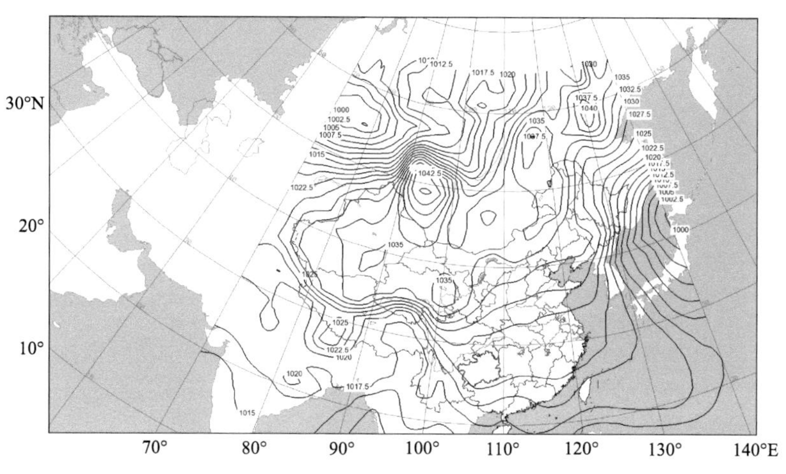

图 6.14　2013 年 1 月 26 日 08 时地面图

从贵阳本站 25 日 08 时—27 日 08 时(发生前、中、后期共 48 h)的压、温、湿三线图显示(图 6.15)：

气压：发生前气压存在正常的日变化，25 日 08 时—26 日 08 时气压基本持平；26 日 11—17 时气压差－5.4 hPa；此后气压不平稳上升，26 日 17 时—27 日 08 时气压差＋8 hPa；

温度：发生前昼夜温差不大，25 日 20 时—26 日 08 时温差－2.7 ℃；26 日白天转晴，气温明显上升，26 日 08—17 时温差为＋7.3 ℃；

湿度：25 日 23 时—26 日 05 时温度露点差小，到 08 时温度露点差逐步加大；25 日 20 时—26 日 08 时有 0.1 mm 的降雨出现。

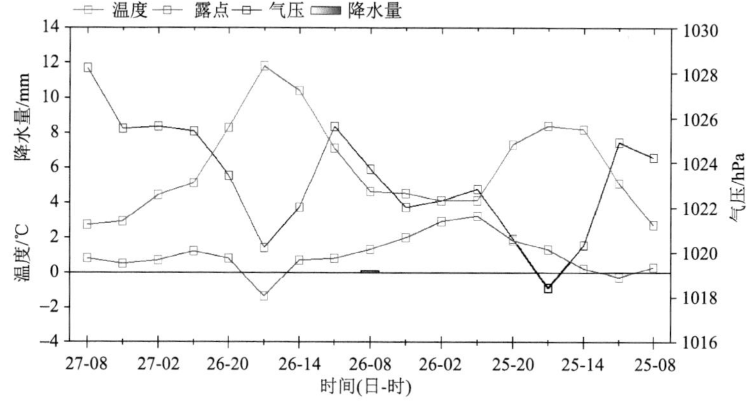

图 6.15　贵阳本站 25 日 08 时—27 日 08 时的压、温、湿三线图

6.5.2　高空形势

2013 年 1 月 25 日 08 时高空，500 hPa 欧亚中高纬地区为“一槽一脊”型，中低纬地区气流

平直,有短波槽东移影响贵州;700 hPa 为偏西气流影响,川南到贵州北部有切变;850 hPa 贵州为高压底部偏东气流,620 hPa 以下有云层覆盖,温度露点差小于 2 ℃;探空图显示,贵阳上空气层稳定,SI=15.4 ℃,K=13 ℃,中低层逆温 730～850 hPa,温差 2 ℃,云层位于 620～870 hPa(图 6.16)。

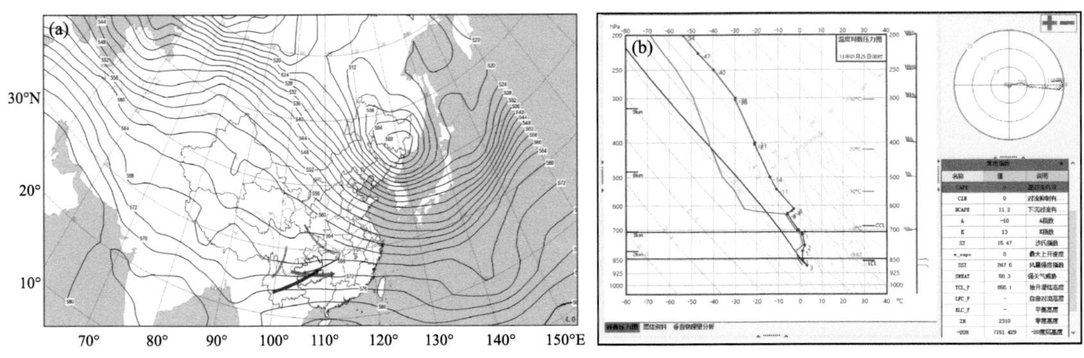

图 6.16　2013 年 1 月 25 日 08 时 500 hPa 高度场及影响系统配置(a)和贵阳探空图(b)

26 日 08 时高空,500 hPa 欧亚中高纬地区维持“一槽一脊”形势,贵州受槽后西北气流控制;700 hPa 川南有切变,贵州受西北气流控制;850 hPa 贵州受偏北气流影响。探空图显示,贵阳大气层结稳定,SI=12.1 ℃,K=17 ℃,低层 790 hPa 附近存在 1 ℃的逆温层,中低层较湿,云层在 620 hPa 以下,温度露点差小于 3 ℃,中低云(图 6.17)。

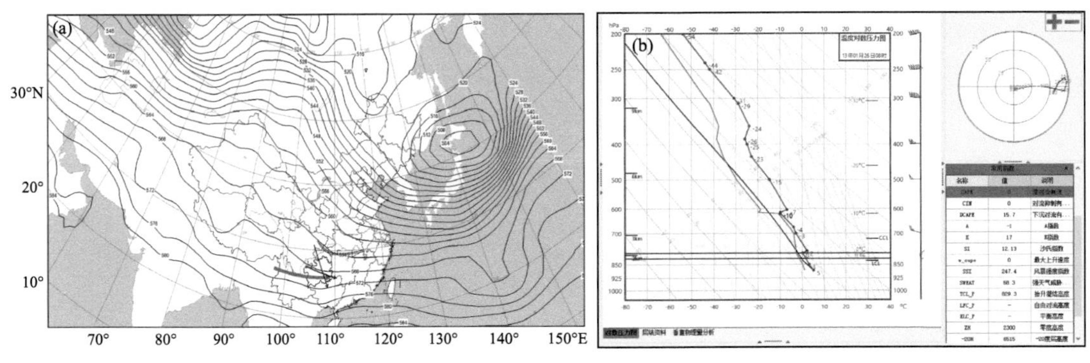

图 6.17　2013 年 1 月 26 日 08 时 500 hPa 高度场及影响系统配置(a)和贵阳探空图(b)

6.5.3　小结

本次中度污染是在地面为高压底部均压场,高空受槽后西北气流控制,中低层为一致的偏北气流,存在弱低空逆温,大气层结稳定的背景下发生的。

6.6 个例6——2013年1月27日(AQI 155中度污染)

6.6.1 地面形势

2013年1月27日08时地面，欧亚大陆为高压环流控制，贵州为高压底部均压场，气压在1026.1～1030.8 hPa，贵阳气压1028.2 hPa，贵州境内气压差最大为4 hPa，弱静止锋位于云南西部，贵州西部边缘为阴天，中东部为晴好天气，全省多受偏东气流影响，风速小，贵阳本站为静风，有轻雾(图6.18)。

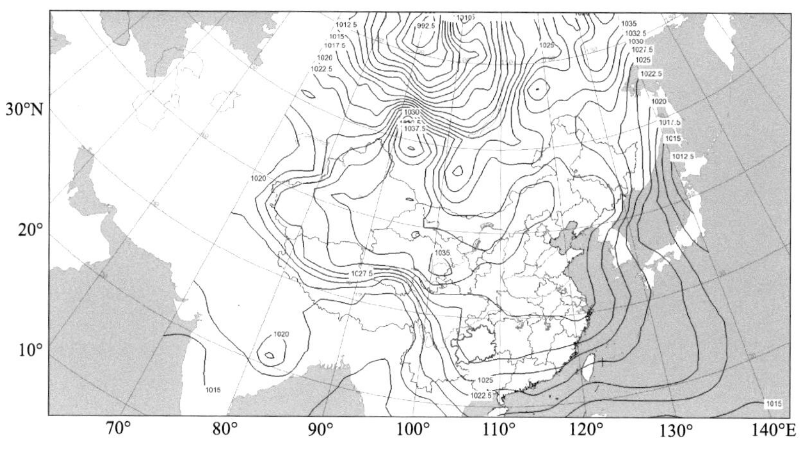

图6.18　2013年1月27日08时地面图

从贵阳本站26日08时—28日08时(发生前、中、后期共48 h)的压、温、湿三线图显示(图6.19)：

气压：贵阳在26日17时—27日11时气压差+8.6 hPa；27日11—17时气压差−7.8 hPa；

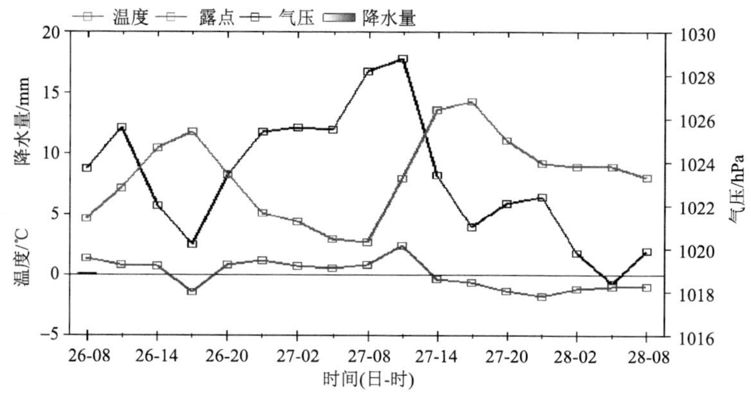

图6.19　贵阳本站26日08时—28日08时的压、温、湿三线图

之后气压变化小，27 日 23 时—28 日 05 时气压差－4 hPa；

温度：由于天气晴好，昼夜温差大，26 日 17 时—27 日 08 时温差－9.1 ℃；27 日 08—17 时温差为＋11.6 ℃；27 日 17 时—28 日 08 时温差为－6.3 ℃；

湿度：26 日 23 时—27 日 08 时温度露点差相对较小在 1.9～3.9 ℃，其余时段温度露点差大。

6.6.2 高空形势

2013 年 1 月 27 日 08 时高空，500 hPa 欧亚中高纬地区维持“一槽一脊”型，贵州受短波脊控制；700 hPa 贵州中西部也为脊控制；850 hPa 贵州受高压底部的偏东气流影响。贵阳上空少云，温度露点差大于 2 ℃。探空图显示，贵阳上空气层稳定，SI＝10 ℃，K＝12 ℃，850 hPa 以下近地逆温层，温差 3 ℃，低层较干（图 6.20）。

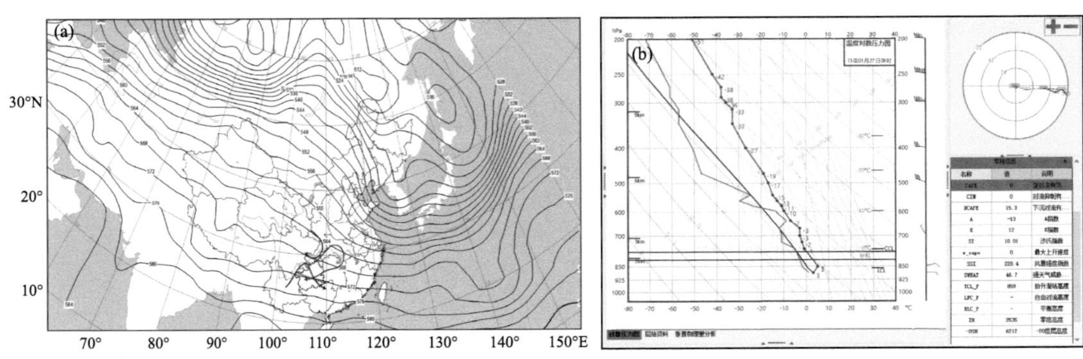

图 6.20　2013 年 1 月 27 日 08 时 500 hPa 高度场及影响系统配置（a）和贵阳探空图（b）

6.6.3 小结

本次中度污染是在地面为高压底部均压场，500 hPa、700 hPa 均受短波脊影响，低层为高压底部偏东气流，存在近地层逆温，大气层结稳定的背景下发生的。

6.7
个例 7——2013 年 3 月 7 日（AQI 172 中度污染）

6.7.1 地面形势

2013 年 3 月 7 日 08 时地面，中高纬地区多低压分布，我国黄河以南地区受冷高压控制，两个高压中心分别位于青海东部和重庆，其中重庆附近中心高压值为 1026.4 hPa，贵阳站气压 1022.6 hPa，贵州境内气压差最大仅 2～3 hPa，全省多受高压底部偏东气流影响，贵阳本站为偏东风 2 m/s(图 6.21)。

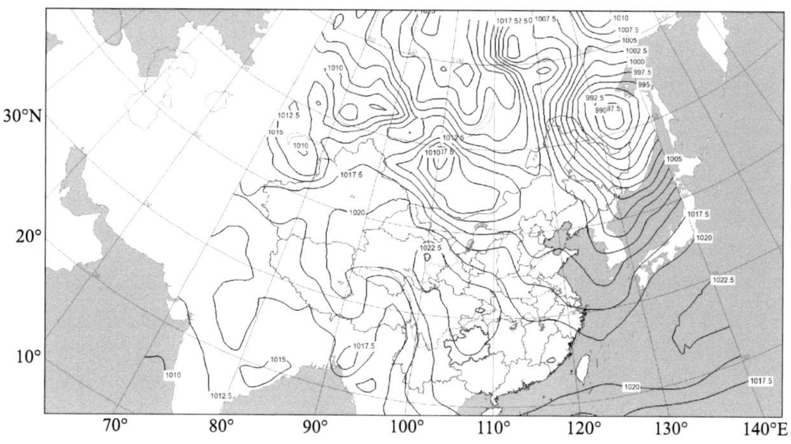

图 6.21 2013 年 3 月 7 日 08 时地面图

从贵阳本站 6 日 08 时—8 日 08 时(发生前、中、后期共 48 h)的压、温、湿三线图显示(图 6.22):

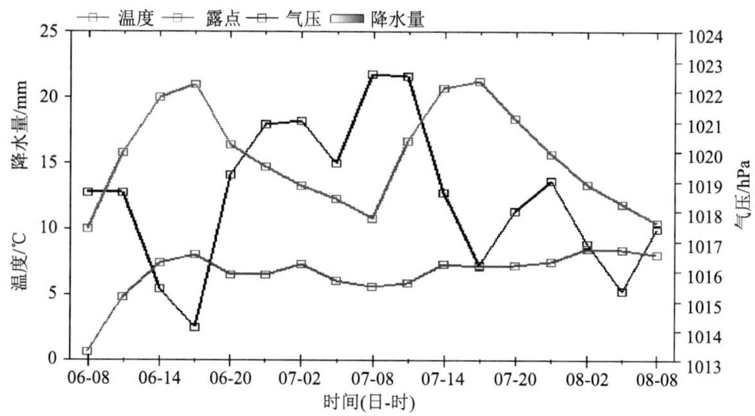

图 6.22 贵阳本站 6 日 08 时—8 日 08 时的压、温、湿三线图

气压:贵阳 6 日 17 时—7 日 08 时气压明显上升,气压差+8.4 hPa,之后气压下降;7 日 11 时—8 日 08 时气压差−5.0 hPa;

温度:温度起伏较大,6 日 20 时—7 日 08 时温差−5 ℃;7 日 08—14 时温差为+10 ℃;

湿度:6 日 20 时—7 日 08 时温度露点差大,温度露点差在 5~10 ℃。

6.7.2 高空形势

2013 年 3 月 6 日 08 时高空,500 hPa 欧亚中高纬地区为“两槽一脊”型,贵州受短波脊控制;700 hPa 受西南气流影响,850 hPa 受偏南气流影响。贵阳上空无云。700 hPa 与 850 hPa 温度露点差分别为 18 ℃、11 ℃。探空图显示,贵阳上空气层稳定,SI=10.96 ℃,K=2 ℃;近地到低层 773~882 hPa 有逆温层,温差为 2 ℃;整层湿度小,无云(图 6.23)。

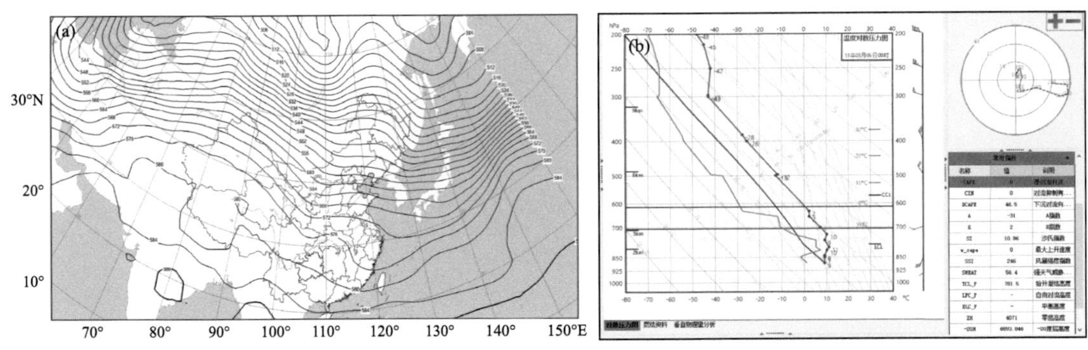

图 6.23　2013 年 3 月 6 日 08 时 500 hPa 高度场及影响系统配置(a)和贵阳探空图(b)

2013 年 3 月 7 日 08 时高空，500 hPa 欧亚中高纬地区维持“两槽一脊”型，贵州受短波脊控制；700 hPa 与 850 hPa 在重庆有弱高压环流，贵州受高压底部影响。贵阳上空少云。700 hPa 与 850 hPa 温度露点差分别为 8 ℃、5 ℃。探空图显示，贵阳上空气层稳定，SI＝4.98 ℃，K＝20 ℃；浅薄逆温层在 714～727 hPa，温差 2 ℃；低层 714～885 hPa 湿度大，高空 423～500 hPa 湿度大(图 6.24)。

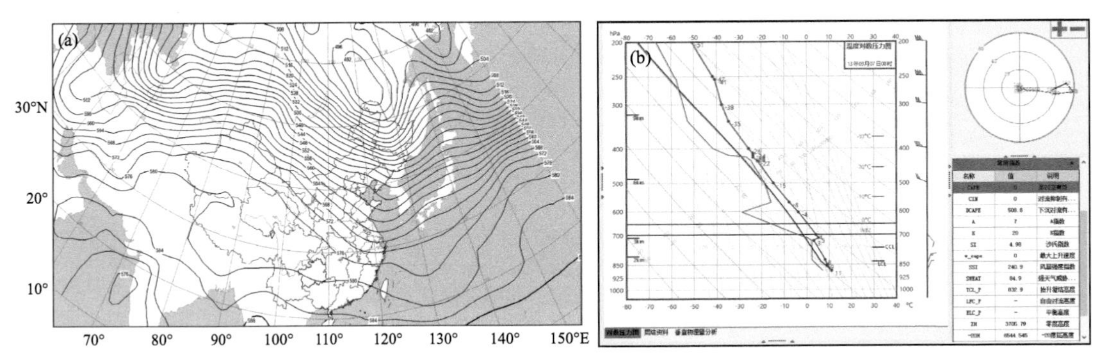

图 6.24　2013 年 3 月 7 日 08 时 500 hPa 高度场及影响系统配置(a)和贵阳探空图(b)

6.7.3　小结

本次中度污染是在地面为冷高压底部，高空短波脊，中低层由偏南风转弱高压环流影响，存在低空逆温，大气层结稳定的背景下发生的。发生前一天为晴天，发生日云量略有增加。

6.8 个例 8——2013 年 3 月 8 日(AQI 192 中度污染)

6.8.1　地面形势

2013 年 3 月 8 日 08 时地面，贝加尔湖西南侧有气旋活动，中高纬地区自西向东呈“高—

低—高”的分布，我国黄河以南地区受变性冷高控制，高压中心位于华中(中心值为 1020.9 hPa)，即将入海。贵阳站气压 1017.4 hPa(大部地区有轻雾)，贵州境内气压差最大仅 1～2 hPa，全省风向不定，风速很弱，贵阳本站为偏东风 1 m/s(图 6.25)。

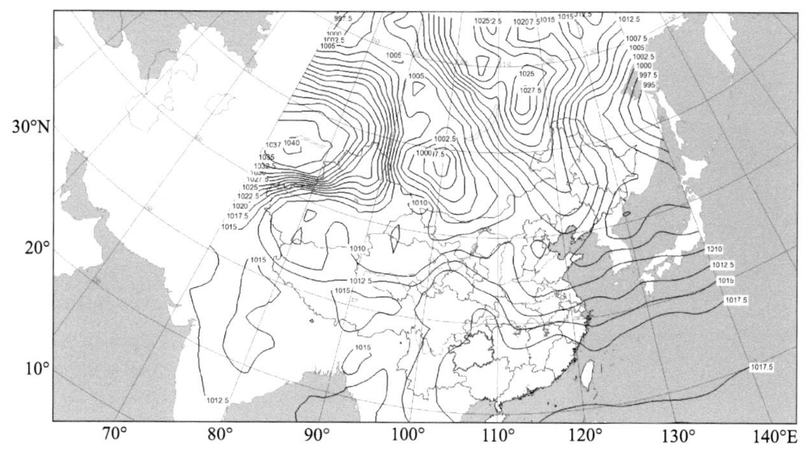

图 6.25 2013 年 3 月 8 日 08 时地面图

从贵阳本站 7 日 08 时—8 日 08 时(发生前期、中期共 24 h，24～48 h 缺资料)的压、温、湿三线图显示(图 6.26)：

气压：发生前日 7 日 11—17 时气压明显下降，气压差－6.1 hPa，之后气压较稳定，变化区间在 3 hPa 以内；

温度：7 日 20 时—8 日 08 时温差－8 ℃；

湿度：7 日 20 时—8 日 08 时温度露点差逐步减小；8 日 08 时温度露点差为 2 ℃。

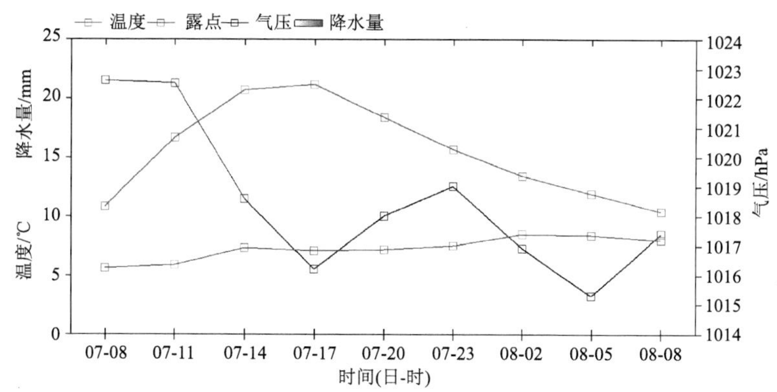

图 6.26 贵阳本站 7 日 08 时—8 日 08 时的压、温、湿三线图

6.8.2 高空形势

2013 年 3 月 8 日 08 时高空，500 hPa 欧亚中高纬地区转为“多槽脊”型，贵州受短波脊控制；700 hPa 贵州受弱脊影响，贵阳站为西北风；850 hPa 贵州受脊后西南气流影响。贵阳为晴

天。700 hPa 和 850 hPa 温度露点差分别为 11 ℃和 5 ℃。探空图显示，贵阳上空气层较稳定，SI＝－0.17 ℃，K＝25 ℃；近地层 846～881 hPa 有薄的逆温层，温差为 3 ℃；近地层 881 hPa 湿度较大，中上层湿度小(图 6.27)。

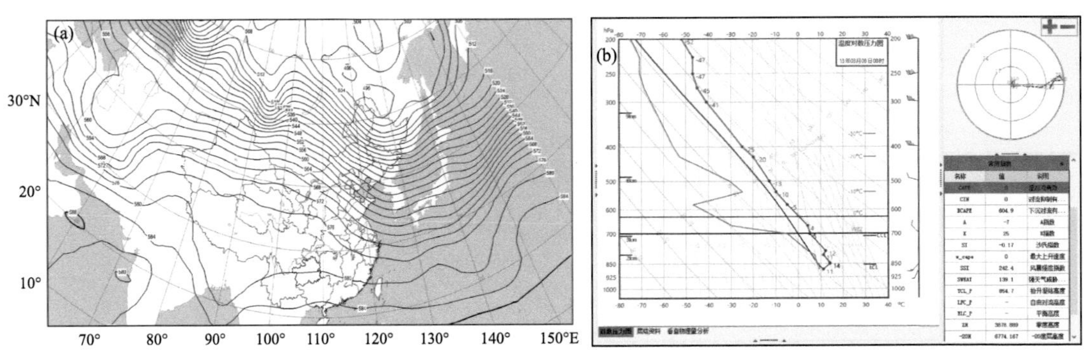

图 6.27　2013 年 3 月 8 日 08 时 500 hPa 高度场及影响系统配置(a)和贵阳探空图(b)

6.8.3　小结

本次中度污染是在地面为变性冷高压控制，高空短波脊，低层受西南风影响，存在近地层逆温(有轻雾)，大气层结稳定的背景下发生的。发生前一天至发生日云量均较少。

6.9
个例 9——2013 年 10 月 4 日(AQI 159 中度污染)

6.9.1　地面形势

2013 年 10 月 4 日 08 时地面，我国大部分地区受冷高压控制，两个高压中心分别位于黄海和甘肃南部，其中甘肃南部附近中心高压值为 1019.7 hPa，贵阳站气压 1018.1 hPa，贵州境内气压差最大在 2～3 hPa，全省多受高压底部东北气流影响，贵阳本站为东北风 2 m/s；云南东部到贵州西部有弱静止锋存在，贵州中西部地区有降雨(图 6.28)。

从贵阳本站 3 日 08 时—5 日 08 时(发生前、中、后期共 48 h)的压、温、湿三线图显示(图 6.29)：

气压：发生前气压差异不大，3 日 20 时—4 日 08 时气压差＋0.9 hPa；发生当日气压有所下降，4 日 11—17 时气压差－3.6 hPa，发生后气压变化减少；

温度：气温变幅小，3 日 20 时—4 日 08 时温差－1.6 ℃；4 日 08—14 时温差为＋1.9 ℃；

湿度：温度露点差小，尤其是 3 日 20 时—4 日 08 时温度露点差在 1～2 ℃。

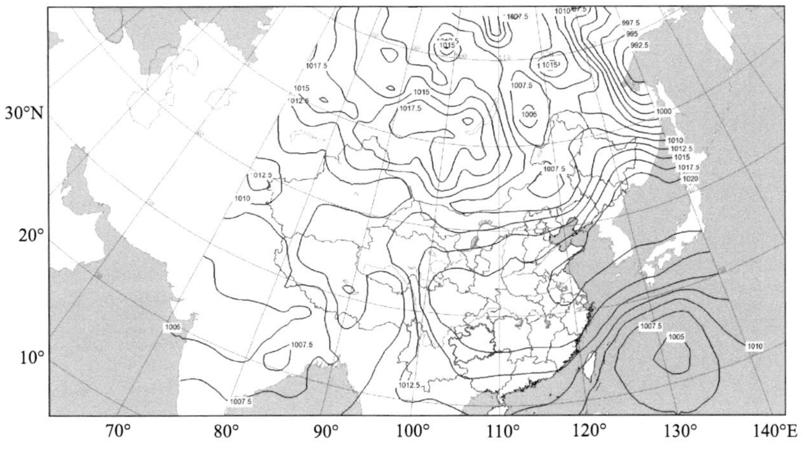

图 6.28　2013 年 10 月 4 日 08 时地面图

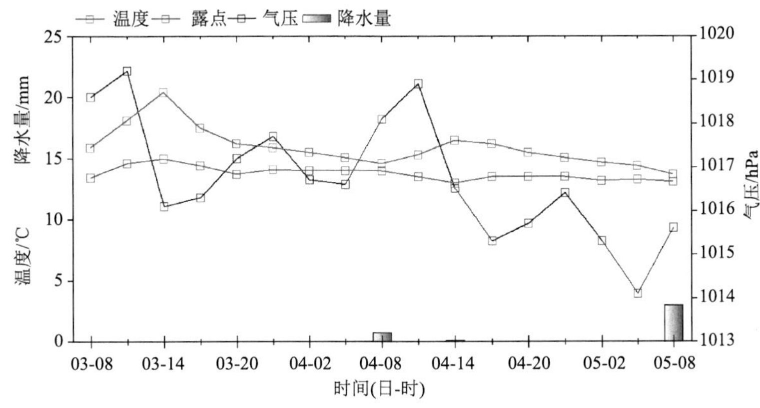

图 6.29　贵阳本站 3 日 08 时—5 日 08 时的压、温、湿三线图

6.9.2　高空形势

2013 年 10 月 3 日 08 时高空，500 hPa 欧亚中高纬地区为“两槽一脊”型，川东有短波槽，贵州受西北气流影响；700 hPa 受偏西气流影响，川东南有切变；850 hPa 受高压后部东南气流影响，高压中心位于湖南北部。贵阳站为阴天，观测前有微量降雨。700 hPa 与 850 hPa 温度露点差分别为 1 ℃、2 ℃。探空图显示，贵阳上空气层较稳定，SI＝2.32 ℃，K＝33 ℃；中层 663～705 hPa 有等温层；湿层深厚至 500 hPa(图 6.30)。

2013 年 10 月 4 日 08 时高空，500 hPa 欧亚中高纬地区转为“多槽脊”型，贵州受西偏北气流控制；700 hPa 贵州北部有切变；850 hPa 受东偏北气流影响。贵阳上空有降雨。700 hPa 与 850 hPa 温度露点差均为 1 ℃。探空图显示，贵阳上空气层较稳定，SI＝3.84 ℃，K＝31 ℃；中低层 759～768 hPa 有薄的逆温层，温差为 2 ℃；整层湿度大，高湿区上升至 416 hPa(图 6.31)。

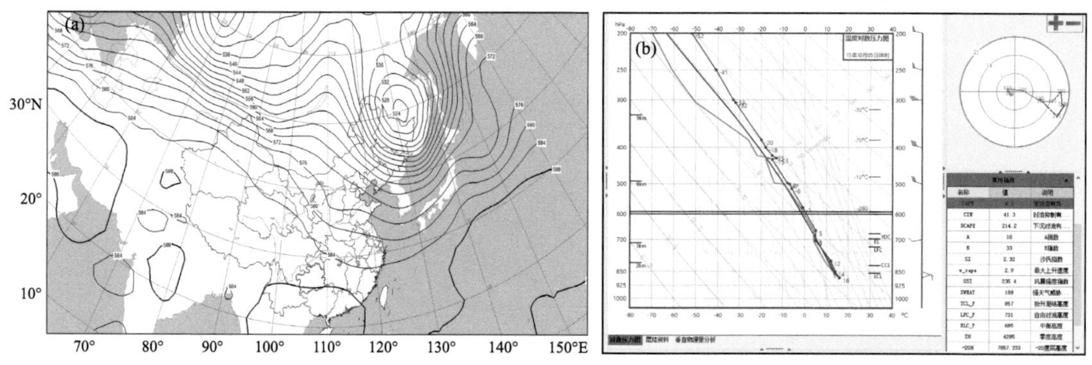

图 6.30　2013 年 10 月 3 日 08 时 500 hPa 高度场及影响系统配置(a)和贵阳探空图(b)

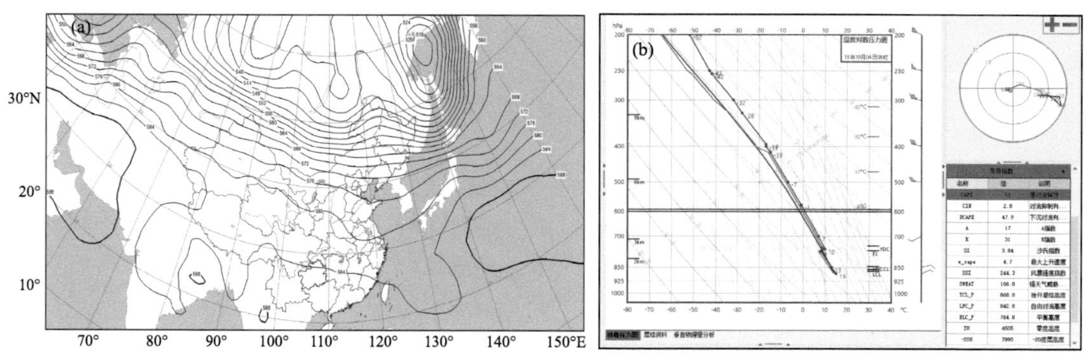

图 6.31　2013 年 10 月 4 日 08 时 500 hPa 高度场及影响系统配置(a)和贵阳探空图(b)

6.9.3　小结

本次中度污染是在地面静止锋后、高压底部东北风，高空为西偏北气流，低层受偏东气流影响，存在中空等温层，大气层结稳定的背景下发生的。发生前一天与发生日均出现降雨。

6.10
个例 10——2013 年 12 月 3 日(AQI 176 中度污染)

6.10.1　地面形势

2013 年 12 月 3 日 08 时地面，我国大部分地区受冷高压控制，高压中心位于河套地区，中心气压值为 1034.5 hPa，贵阳站气压 1022.1 hPa，贵州境内气压差最大在 2～3 hPa，全省多受高压底部东北气流影响，贵阳本站为东北风 1 m/s。贵州中北部(包括贵阳)有轻雾(图 6.32)。

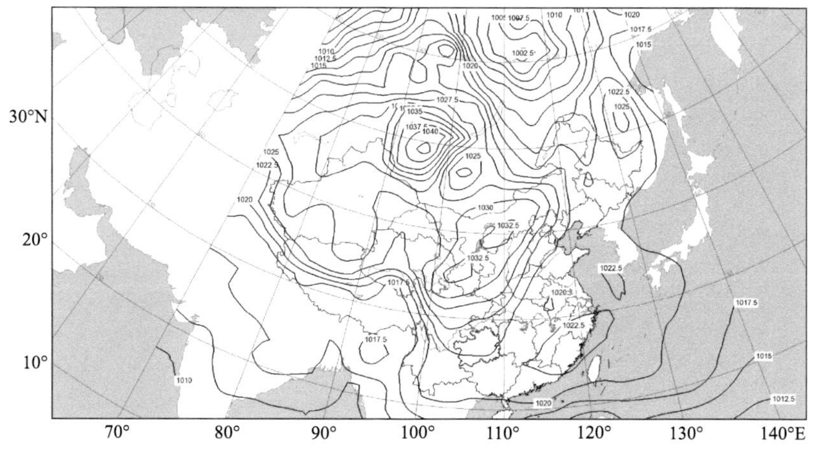

图 6.32　2013 年 12 月 3 日 08 时地面图

从贵阳本站 2 日 08 时—4 日 08 时(发生前、中、后期共 48 h)的压、温、湿三线图显示(图 6.33)：

气压：发生前及发生中气压变幅较大，先降后升，贵阳在 2 日 08—17 时气压差－9.1 hPa；2 日 17 时—3 日 11 时气压差＋8.2 hPa，之后气压变幅不大；

温度：2 日 08 时—3 日 08 时气温日较差大；2 日 20 时—3 日 08 时温差－6 ℃；之后气温起伏小，3 日 08—14 时温差仅为＋3 ℃；

湿度：3 日 05 时之前温度露点差较大；之后减小，其中 3 日 05—08 时温度露点差最小在 2 ℃以下。

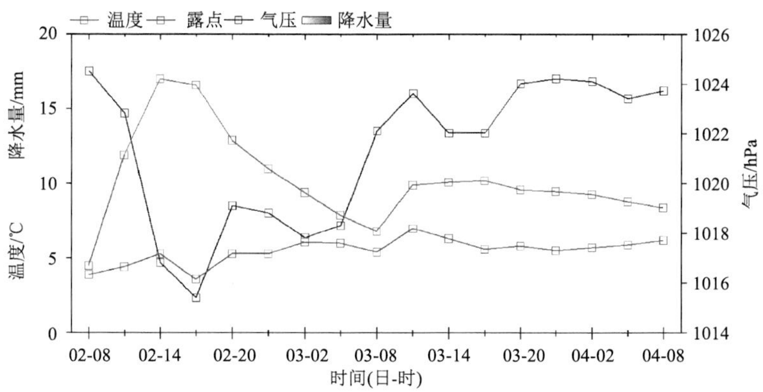

图 6.33　贵阳本站 2 日 08 时—4 日 08 时的压、温、湿三线图

6.10.2　高空形势

2013 年 12 月 2 日 08 时高空，500 hPa 欧亚中高纬地区为“两槽一脊”型，东亚大槽位于 125°E 附近，贵州受槽后西北气流影响；700 hPa 贵州东部为弱的高压环流，中西部受高压后部偏南气流影响；850 hPa 贵州东部至湖南为弱的高压环流，贵州中西部受高压后部偏南气流。

700 hPa 与 850 hPa 温度露点差分别为 26 ℃、3 ℃。探空图显示，贵阳上空气层较为稳定，SI＝4.98 ℃，K＝2 ℃；近地层 850～884 hPa 有逆温层，温差为 3 ℃；湿层较浅薄，位于近地层至 862 hPa 之间，低云(图 6.34)。

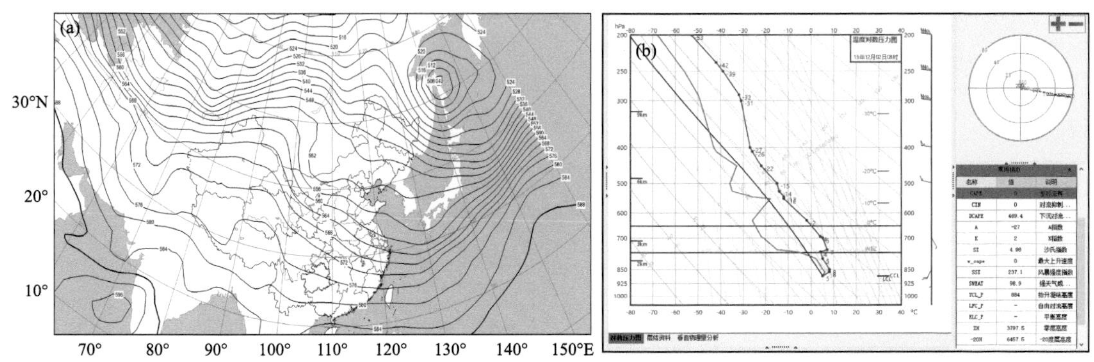

图 6.34　2013 年 12 月 2 日 08 时 500 hPa 高度场及影响系统配置(a)和贵阳探空图(b)

2013 年 12 月 3 日 08 时高空，500 hPa 欧亚中高纬仍维持“两槽一脊”型，东亚大槽后有小槽并入发展，贵州维持受西北气流控制；700 hPa 川东有切变发展东南移，贵州由西南转为偏西气流影响，滇东到贵州有弱脊影响；850 hPa 切变位于贵州南部，贵州大部受偏北气流影响。700 hPa 与 850 hPa 温度露点差分别为 2 ℃、3 ℃。探空显示，贵阳上空较为稳定，SI＝3.98 ℃，K＝27 ℃；近地层 863～880 hPa 和中低层 748～772 hPa 各有浅薄逆温层，温差分别为 2 ℃和 3 ℃；湿层位于近地面至 700 hPa 之间，中低云(图 6.35)。

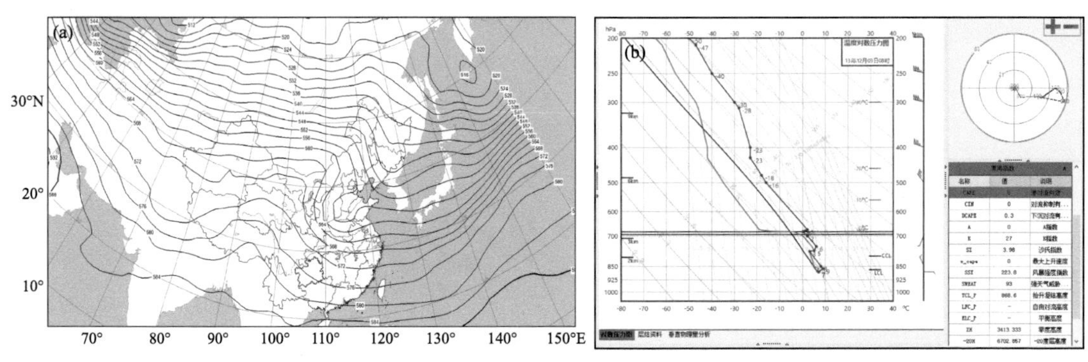

图 6.35　2013 年 12 月 3 日 08 时 500 hPa 高度场及影响系统配置(a)和贵阳探空图(b)

6.10.3　小结

本次中度污染是在高层为西北气流，中低层弱脊和偏北气流控制，地面高压底部东北气流影响，存在低空逆温，大气层结稳定的背景下发生的。贵阳本站由晴天转为阴天，污染发生当日全天有轻雾。

6.11 个例 11——2013 年 12 月 6 日(AQI 169 中度污染)

6.11.1 地面形势

2013 年 12 月 6 日 08 时地面,我国大部地区受冷高压控制,高压中心位于蒙新高地,中心气压值为 1037.5 hPa,贵阳站气压 1022.3 hPa,贵州境内气压差最大仅 3～4 hPa,全省多受高压底部偏东气流影响,贵阳本站为东风 1 m/s。贵州省大部为阴天到多云,中东部(包括贵阳)夜间到上午有轻雾(图 6.36)。

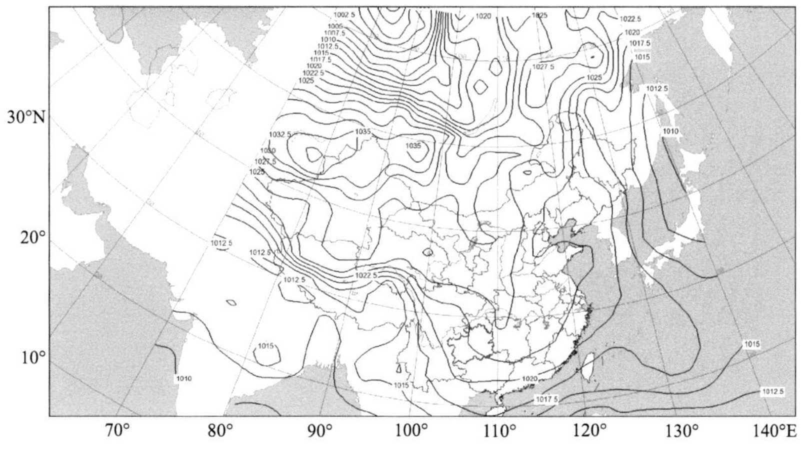

图 6.36 2013 年 12 月 6 日 08 时地面图

从贵阳本站 5 日 08 时—7 日 08 时(发生前、中、后期共 48 h)的压、温、湿三线图显示(图 6.37):

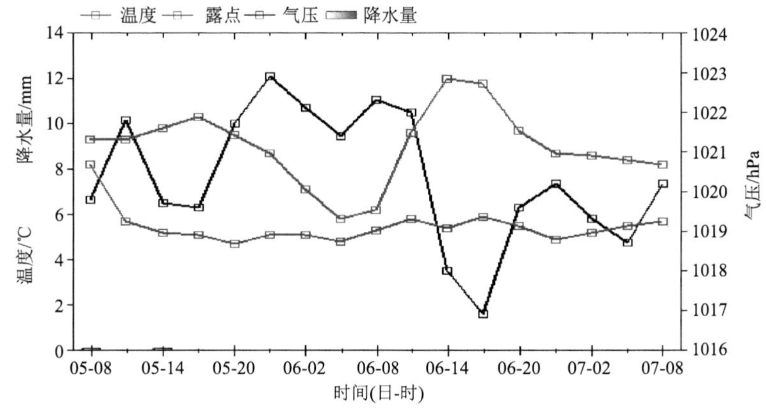

图 6.37 贵阳本站 5 日 08 时—7 日 08 时的压、温、湿三线图

气压：污染发生当日 6 日 08—17 时气压差－5.4 hPa，其余时段变幅较小；5 日 23 时—6 日 05 时气压差－1.5 hPa；

温度：气温仅存在日变化，5 日 20 时—6 日 08 时温差－3.3 ℃；6 日 08—14 时温差为＋5.8 ℃；

湿度：6 日 02—08 时温度露点差在 1～2 ℃，其余时段温度露点差较大。

6.11.2 高空形势

2013 年 12 月 5 日 08 时高空，500 hPa 欧亚中高纬地区为"两槽一脊"型，东亚大槽发展东移，贵州受高空槽影响；700 hPa 与 850 hPa，贵州受南下的切变影响。700 hPa 和 850 hPa 温度露点差分别为 2 ℃和 1 ℃。探空显示，贵阳上空大气层较稳定，SI＝4.34 ℃，K＝28 ℃；无明显逆温层；湿层位于近地层至 617 hPa，中低云(图 6.38)。

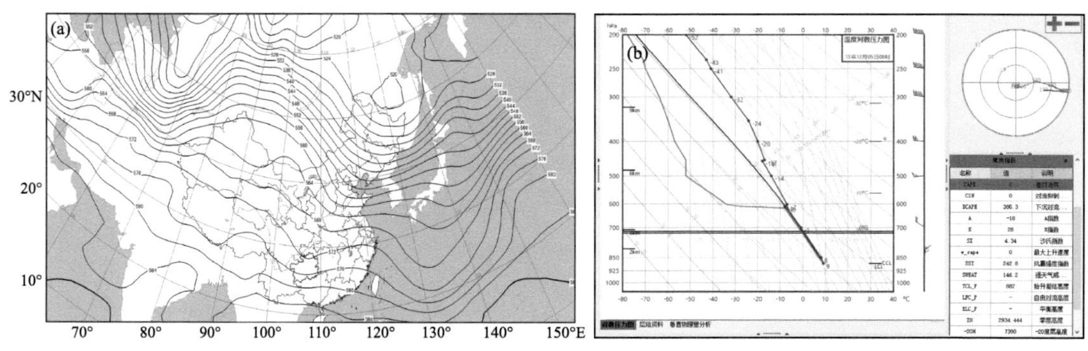

图 6.38　2013 年 12 月 5 日 08 时 500 hPa 高度场及影响系统配置(a)和贵阳探空图(b)

2013 年 12 月 6 日 08 时高空，500 hPa 欧亚中高纬地区仍维持"两槽一脊"型，东亚大槽建立，贵州受槽后西北气流影响；700 hPa 贵州受弱高压脊影响；850 hPa 贵州受弱高压环流影响。700 hPa 和 850 hPa 温度露点差分别为 6 ℃和 1 ℃。探空图显示，贵阳上空气层较稳定，SI＝10.91 ℃，K＝15 ℃；中低层 727～740 hPa 有薄的逆温层，温差为 2 ℃；湿层主要在近地层至 850 hPa，少量低云(图 6.39)。

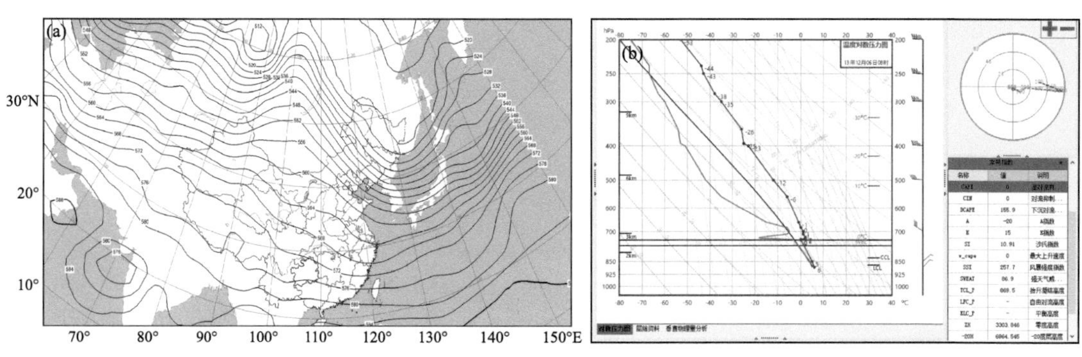

图 6.39　2013 年 12 月 6 日 08 时 500 hPa 高度场及影响系统配置(a)和贵阳探空图(b)

6.11.3　小结

本次中度污染是在高空东亚大槽建立，贵州转槽后西北气流影响，低层为高压脊或高压环流影响，地面转为高压控制，大气层结稳定，但逆温不明显，湿层较浅薄，全省大部转为晴好天气形势发生的。

6.12 个例 12——2013 年 12 月 22 日(AQI 178 中度污染)

6.12.1　地面形势

2013 年 12 月 22 日 08 时地面，我国大部地区受冷高压控制，贵阳站气压 1030.1 hPa，贵州境内气压差最大仅 3～4 hPa，全省多受高压底部东北气流影响，贵阳本站为东北风 1 m/s。静止锋位于贵州西部边缘，贵州省西部阴天有零星小雨，中东部为阴天到多云天气，中东部(包括贵阳)有轻雾(图 6.40)。

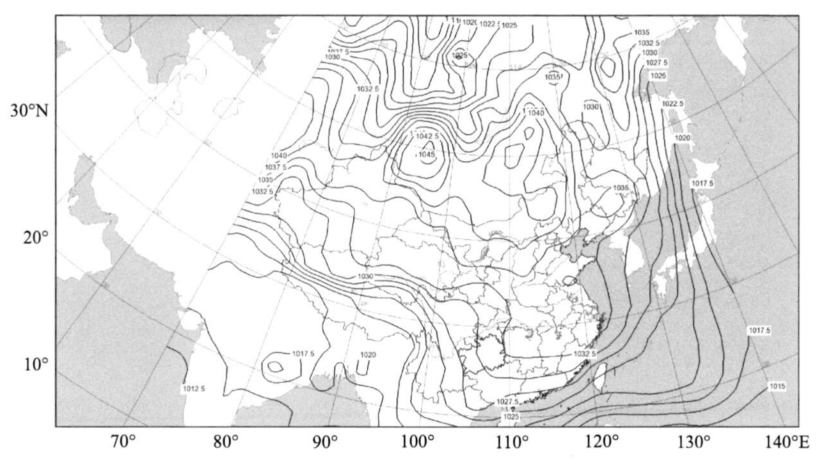

图 6.40　2013 年 12 月 22 日 08 时地面图

从贵阳本站 21 日 08 时—23 日 08 时(发生前、中、后期共 48 h)的压、温、湿三线图显示(图 6.41)：

气压：此期间气压除了正常日变化之外，逐日整点气压呈下滑趋势；21 日 23 时—22 日 05 时气压差－2 hPa；22 日 11—17 时气压差－5.1 hPa；

温度：21 日 20 时—23 日 08 时温差－3 ℃；22 日 08—14 时温差为＋3 ℃；

湿度：22 日 05 时温度露点差 2 ℃，其余时段温度露点差较大。

6.12.2 高空形势

2013 年 12 月 21 日 08 时高空，500 hPa 欧亚中高纬地区为“两槽一脊”型，贵州受发展东移的高空槽影响；700 hPa 贵州受偏西气流影响，川东有切变；850 hPa 贵州受高压底部东北气流影响。700 hPa 与 850 hPa 温度露点差均为 1 ℃。探空图显示，贵阳上空气层较稳定，SI＝21.1 ℃，K＝5 ℃；逆温层位于 723～783 hPa，温差为 1 ℃；湿层主要在中低层 667～850 hPa，中低云（图 6.42）。

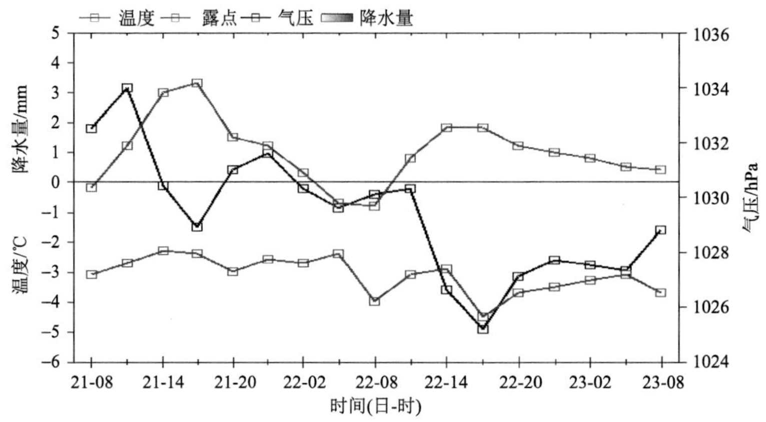

图 6.41　贵阳本站 21 日 08 时—23 日 08 时的压、温、湿三线图

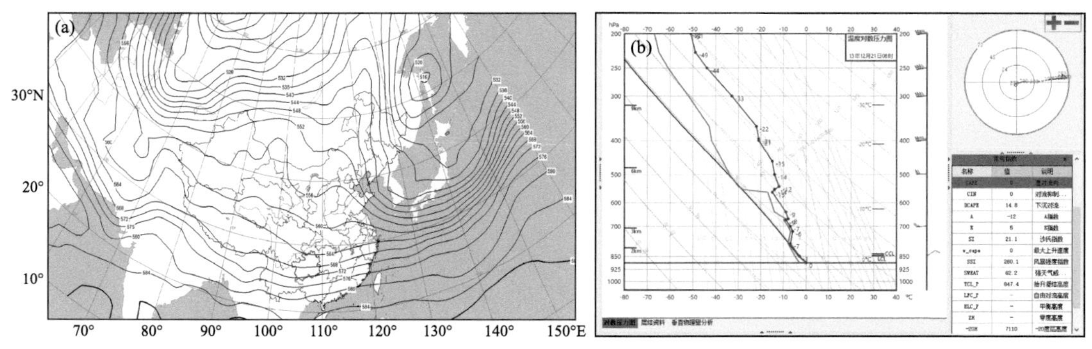

图 6.42　2013 年 12 月 21 日 08 时 500 hPa 高度场及影响系统配置(a)和贵阳探空图(b)

2013 年 12 月 22 日 08 时高空，500 hPa 欧亚中高纬仍维持“两槽一脊”型，贵州受槽后西北气流影响；700 hPa 贵州受西南气流影响；850 hPa 贵州受高压底部东北气流影响。700 hPa 与 850 hPa 温度露点差均为 1 ℃。探空图显示，贵阳上空气层较稳定，SI＝26.51 ℃，K＝0 ℃；有两层逆温层，分别位于 783～853 hPa 和 586～623 hPa，温差分别为 2 ℃和 11 ℃；湿层主要在中低层 623～853 hPa，中低云（图 6.43）。

6.12.3 小结

本次中度污染是在高空西北气流，中层西南气流，低层东北气流，地面静止锋影响，逆温层

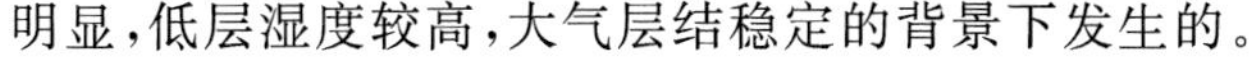
明显，低层湿度较高，大气层结稳定的背景下发生的。

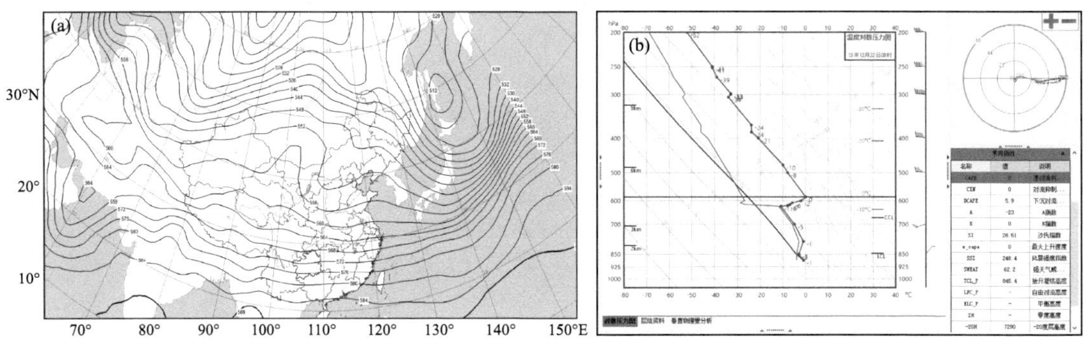

图 6.43　2013 年 12 月 22 日 08 时 500 hPa 高度场及影响系统配置(a)和贵阳探空图(b)

6.13 个例 13——2013 年 12 月 23 日(AQI 198 中度污染)

6.13.1　地面形势

2013 年 12 月 23 日 08 时地面，欧亚地区为强大的高压环流控制，滇黔之间有静止锋，贵州大部为静止锋后均压场，锋面两侧气压在 1025.2～1031.9 hPa，气压差为 6 hPa；锋后气压差近 2 hPa，贵阳气压 1028.8 hPa；贵州大部多受偏东北气流影响，贵阳本站东北风 2 m/s。23 日 20 时全省大部为均压场，贵阳本站东北风 2 m/s，贵阳气压 1029.4 hPa，贵阳出现霾(图 6.44、图 6.45)。

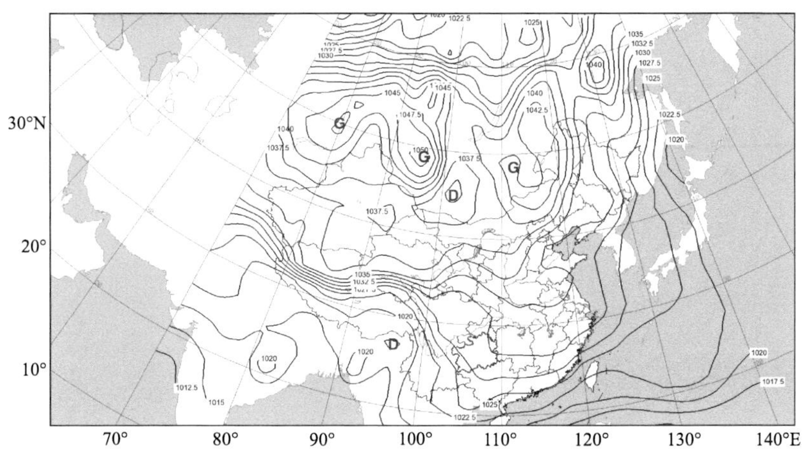

图 6.44　2013 年 12 月 23 日 08 时地面图

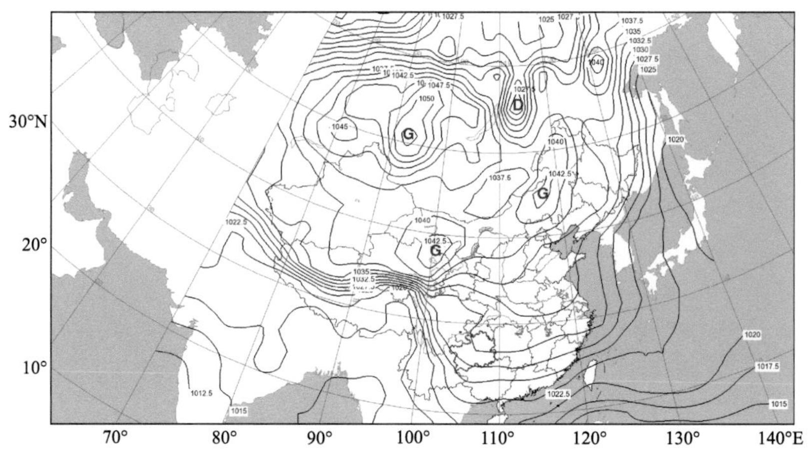

图 6.45　2013 年 12 月 23 日 20 时地面图

贵阳本站 22 日 08 时—24 日 08 时(发生前、中、后期共 48 h)的压、温、湿三线图分析显示(图 6.46)：

气压：在 21 日 11—17 时降压阶段，气压差－5.2 hPa；22 日 20 时—23 日 05 时气压差＋0.6 hPa；23 日 05—11 时气压差＋3 hPa；23 日 11—17 时降压，气压差为－3.6 hPa；23 日 17—23 时气压差＋4 hPa；

温度：22 日 08—17 时温差＋3 ℃；22 日 17 时—23 日 08 时温差－2 ℃；23 日 08—17 时温差＋3 ℃；

湿度：22 日 08 时—23 日 14 时以轻雾天气为主；23 日 17 时—24 日 08 时出现霾；22 日 08 时—23 日 11 时温度露点差最小 4～5 ℃；23 日 17 时—24 日 08 时温度露点差 5～6 ℃。

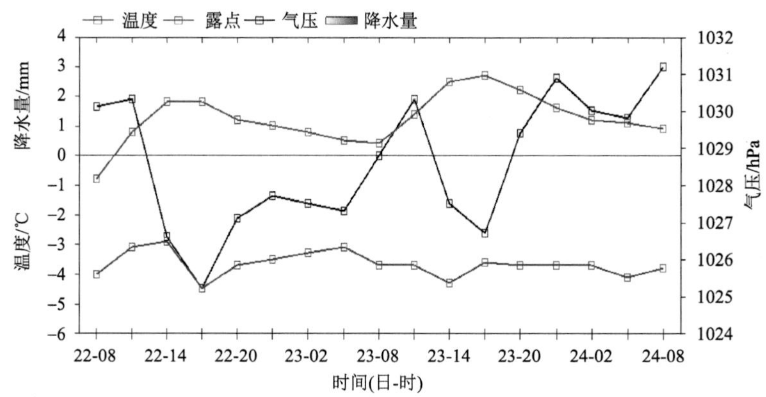

图 6.46　贵阳本站 22 日 08 时—24 日 08 时的压、温、湿三线图

6.13.2　高空形势

2013 年 12 月 23 日 08 时高空，500 hPa 欧亚中高纬地区为“多槽脊”型，在新疆西部、东北东部有低压槽，我国中纬度地区的西北至中东部地区均为弱西北气流，青藏高原到贵州为弱西偏北气流控制，贵州中部、南部至浙江北部有 40 m/s 的西风急流区；700 hPa 川南有弱切变，

贵州弱高压环流影响、存在显著湿区，贵阳温度露点差 3 ℃；850 hPa 贵州受偏东气流控制，中西部为显著湿区，贵阳温度露点差大于 3 ℃。探空图显示，23 日 08 时贵阳上空气层稳定，SI＝30.1 ℃，K＝－6 ℃，逆温层位于 539～629 hPa，温差 8 ℃，低层偏湿，云层高度为 629～884 hPa，云层厚（图 6.47）。

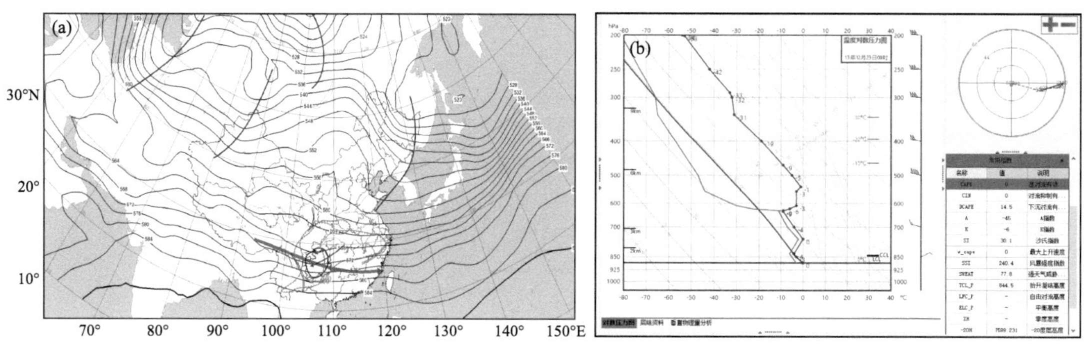

图 6.47　2013 年 12 月 23 日 08 时 500 hPa 高度场及影响系统配置（a）和贵阳探空图（b）

23 日 20 时高空，500 hPa 形势同 08 时；700 hPa 切变位于四川中部，贵州中西部为西南气流影响，中北部为显著湿区，贵阳温度露点差 3 ℃；850 hPa 贵州为偏东北气流控制，贵州大部为干区，贵阳温度露点差 6 ℃。贵阳上空气层稳定，SI＝26.1 ℃，K＝－2 ℃，中层 589～620 hPa 存在逆温，温差为 9 ℃，云层高度在 700～743 hPa，云底相比 08 时抬高，云层变薄。24 日 08 时探空图显示，贵阳上空气层稳定，SI＝31.3 ℃，K＝－11 ℃，出现 2 个逆温层，一个低层逆温 805～850 hPa、温差 2 ℃，一个中层逆温 546～600 hPa、温差 9 ℃，云层高度在 600～812 hPa，云底相比之前两个时次降低，云层厚（图 6.48、图 6.49）。

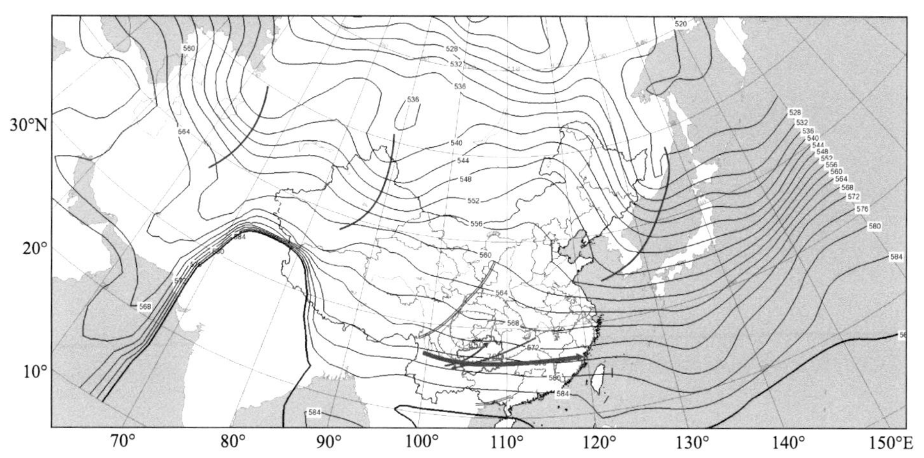

图 6.48　2013 年 12 月 23 日 20 时 500 hPa 高度场及影响系统配置

6.13.3　小结

本次中度污染是发生在地面静止锋后均压场，高空弱西北气流，中低层由弱西北气流转为西南气流，存在中低空逆温，上空中低云且云层厚，大气层结稳定的背景下发生的。

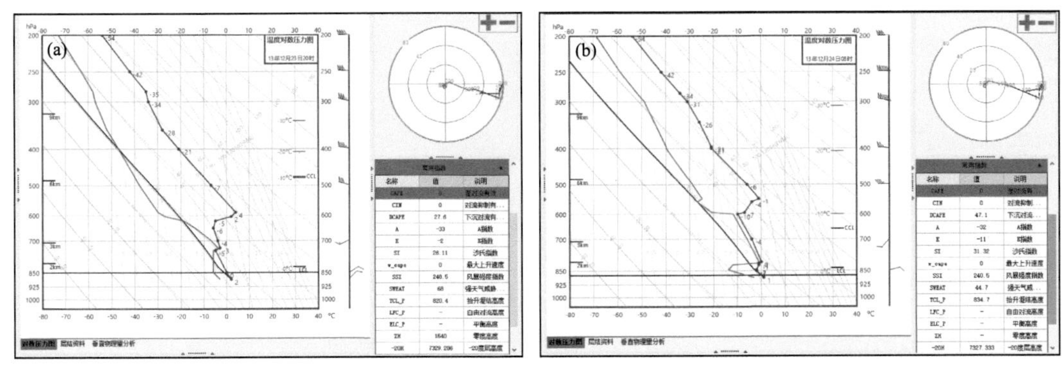

图 6.49　2013 年 12 月 23 日 20 时(a)、24 日 08 时(b)贵阳探空图

6.14
个例 14——2013 年 12 月 25 日(AQI 172 中度污染)

6.14.1　地面形势

2013 年 12 月 25 日 08 时，地面欧亚大陆为强大的高压环流控制，我国内蒙古一带有冷锋，贵州大部为冷锋前均压场，贵州气压在 1025.8～1031.1 hPa、气压差为 5.5 hPa；贵阳气压 1027.8 hPa；贵州大部多受偏东北气流影响，贵阳本站为东北风 2 m/s。25 日 20 时冷锋南压至河套南部，贵州省仍在锋前均压场内(图 6.50、图 6.51)。

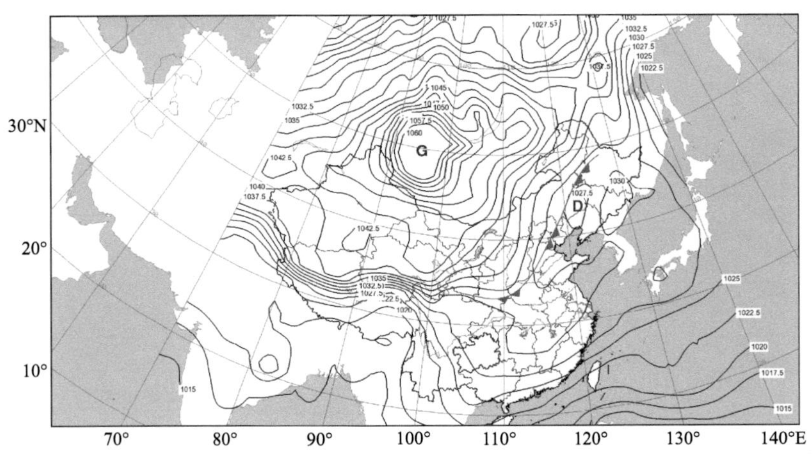

图 6.50　2013 年 12 月 25 日 08 时地面图

贵阳本站 24 日 08 时—25 日 20 时(发生前、中期共 36 h)的压、温、湿三线图分析显示(图 6.52)：

气压：24 日 11—17 时气压差－5.2 hPa；24 日 17—23 时气压差＋3.4 hPa；24 日 23 时—

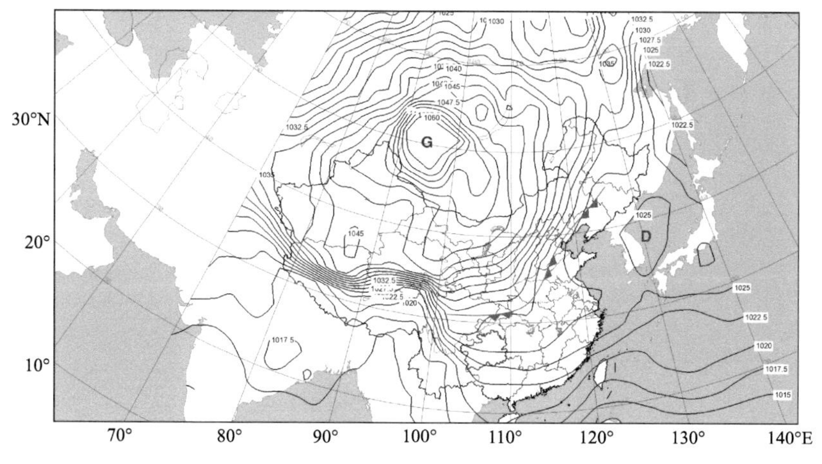

图 6.51　2013 年 12 月 25 日 20 时地面图

25 日 08 时气压差－2.4 hPa；25 日 08—11 时气压差＋0.6 hPa；25 日 11—17 时气压场－5.4 hPa；25 日 17—20 时气压差＋4.0 hPa；

温度：整体气温起伏不大，24 日 08—17 时温差＋4 ℃；24 日 17 时—25 日 08 时温差－3 ℃；25 日 08—17 时温差＋2 ℃；25 日 17—20 时温差－1 ℃；

湿度：24 日 08 时—25 日 14 时均出现霾，温度露点差最大出现在 24 日 17 时 10.5 ℃；变化最小时段在 24 日 23 时—25 日 11 时，温度露点差在 5～6 ℃；25 日 14—17 时温度露点差 9 ℃；25 日 20 时温度露点差缩小为 5.5 ℃。

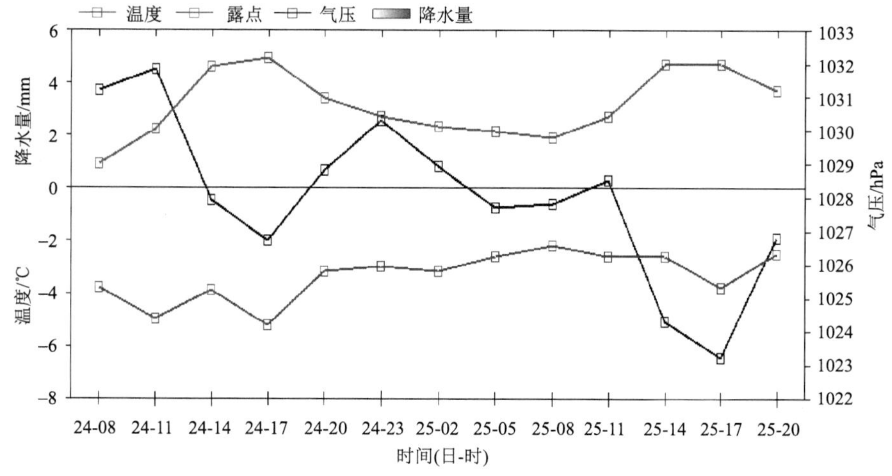

图 6.52　贵阳本站 24 日 08 时—25 日 20 时的压、温、湿三线图

6.14.2　高空形势

2013 年 12 月 24 日 08 时高空，500 hPa 欧亚中高纬地区为纬向环流“多槽脊”型，在我国西北至中东部地区均为弱西北气流，川东有短波小槽，槽后有冷平流，贵州受弱西北或偏西气

流影响；700 hPa 川南到滇北存在弱切变，贵州受弱西南偏南气流影响，全省为显著湿区，贵阳温度露点差 2 ℃；850 hPa 贵州受偏东北气流控制，全省为干区，贵阳温度露点差 11 ℃。24 日 08 时探空显示，贵阳上空气层稳定，SI＝31.3 ℃，K＝－11 ℃，出现 2 个逆温层，一个低层逆温 805～850 hPa、温差 2 ℃，一个中层逆温 546～600 hPa、温差 9 ℃（图 6.53、图 6.54）。

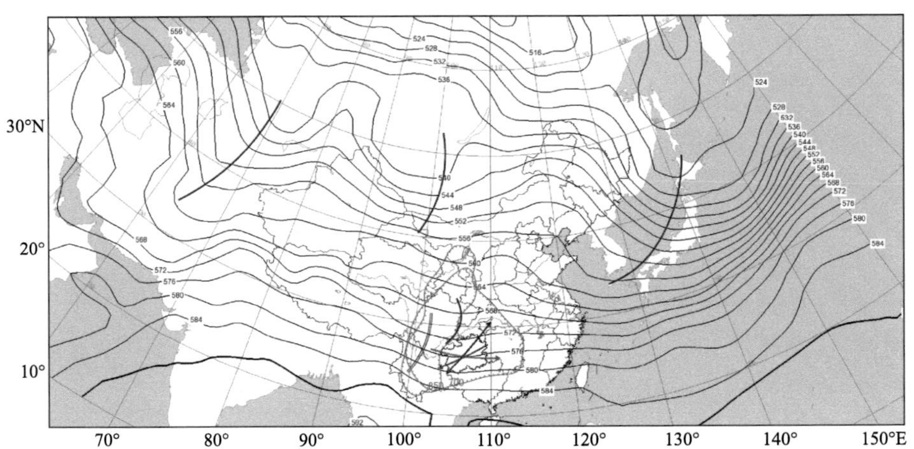

图 6.53　2013 年 12 月 24 日 08 时 500 hPa 高度场及影响系统配置

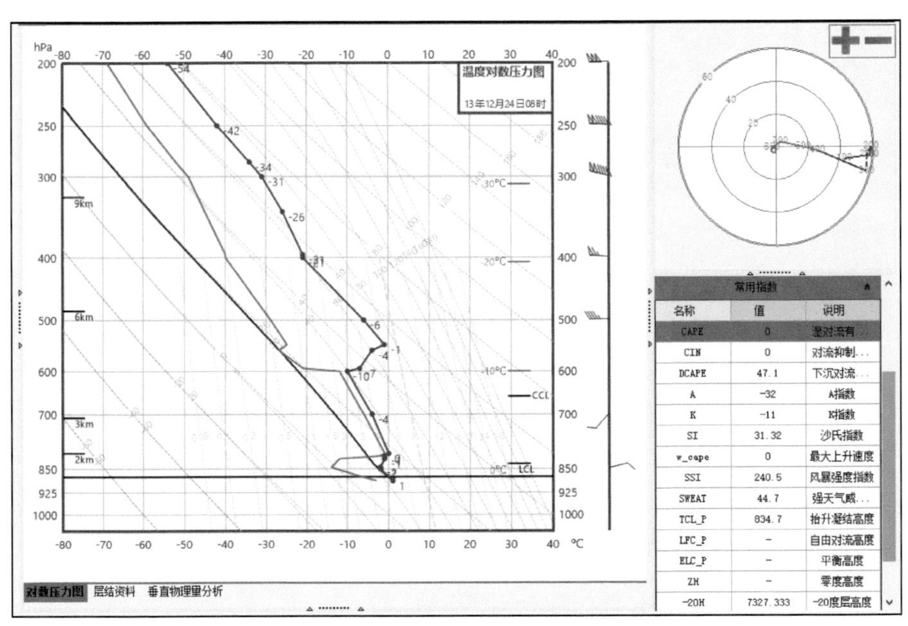

图 6.54　2013 年 12 月 24 日 08 时贵阳探空图

25 日 08 时高空，500 hPa 欧亚中高纬地区维持“多槽脊”型，我国西北至中东部地区均为弱西北气流，川西高原到贵州为弱西偏北气流控制；700 hPa 四川东北部至西南部存在切变，贵州受西南气流影响，全省为显著湿区，贵阳温度露点差为 1 ℃；850 hPa 贵州受弱高压环流控制，全省为干区，贵阳温度露点差 8 ℃。25 日 08 时探空图显示，贵阳上空气层稳定，SI＝28.2 ℃，K＝－4 ℃，云层较薄在 617～779 hPa；出现中空逆温层在 538～617 hPa、温差 5 ℃

(图6.55、图6.56)。

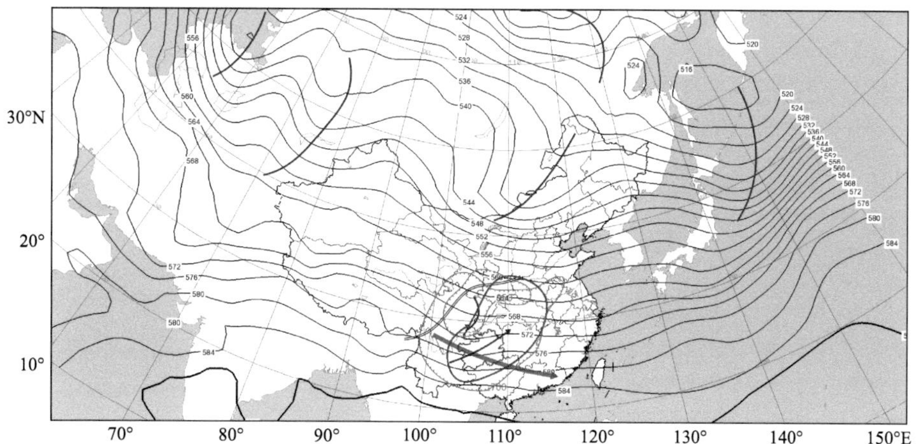

图6.55 2013年12月25日08时500 hPa高度场及影响系统配置

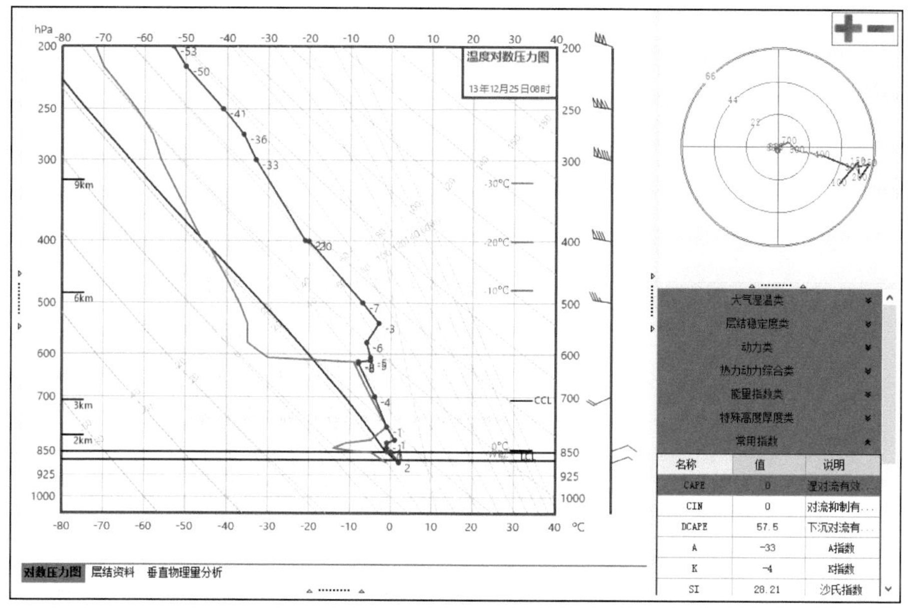

图6.56 2013年12月25日08时贵阳探空图

6.14.3 小结

本次中度污染是发生在地面冷锋后的均压场，高空弱西北气流，中低层由西偏南转为西南气流，存在中低空逆温，中低云且云层薄，大气层结稳定的背景下发生的。

6.15 个例 15——2013 年 12 月 26 日(AQI 162 中度污染)

6.15.1 地面形势

2013 年 12 月 26 日 08 时,冷锋南下影响贵州省,锋面位于广西北部。贵州气压在 1027.5～1033.2 hPa,气压差为 5.3 hPa;贵阳气压 1029.5 hPa;全省大部多受偏北或东北气流影响,贵阳本站东北风 4 m/s(图 6.57)。

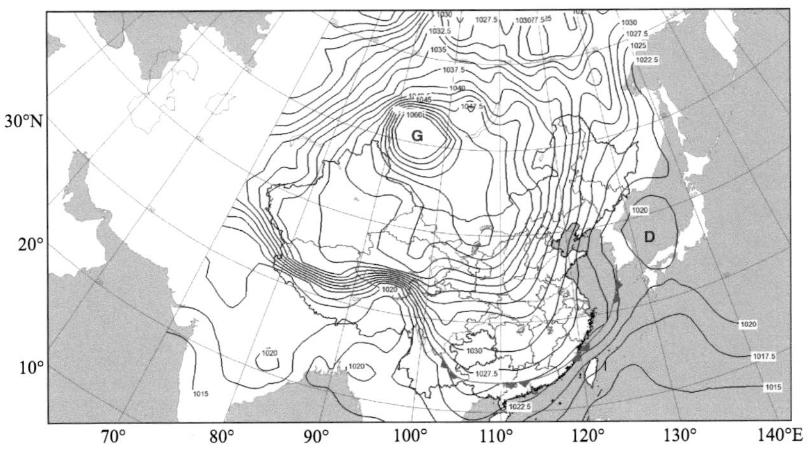

图 6.57 2013 年 12 月 26 日 08 时地面图

贵阳本站 25 日 08 时—27 日 08 时(发生前、中、后期共 48 h)的压、温、湿三线图分析显示(图 6.58):

气压:25 日 11—17 时气压差−5.3 hPa;25 日 17—23 时气压差+6.8 hPa;25 日 23 时—26 日 08 时气压平稳;26 日 11—17 时气压差−3.7 hPa;26 日 17—23 时气压差+4.1 hPa;

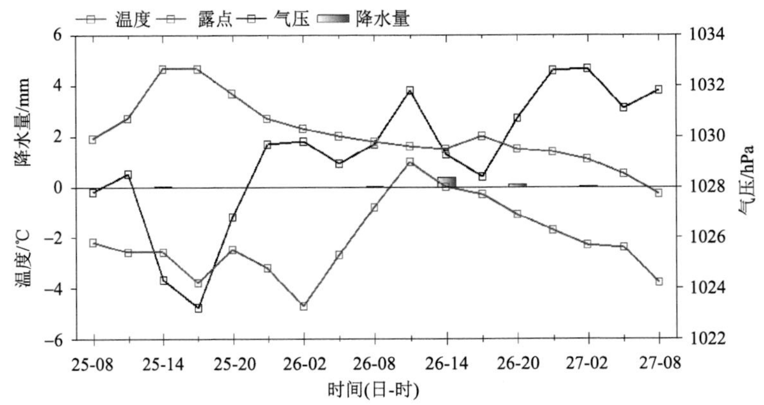

图 6.58 贵阳本站 25 日 08 时—27 日 08 时的压、温、湿三线图

温度:25 日 08—17 时温差+2 ℃;25 日 17 时—26 日 02 时温差−2 ℃;26 日 02—23 时气温基本维持在 2 ℃左右;26 日 23 时—27 日 08 时温差−2 ℃;

湿度:25 日 08—17 时均出现霾,温度露点差在 4～8.6 ℃,最大出现在 25 日 17 时;25 日 23 时—26 日 05 时均出现霾,温度露点差在 4～7.0 ℃;温度露点差变化最小时段在 26 日 08—20 时,仅为 0.5～2 ℃,贵阳站天气转雨和雨夹雪。

6.15.2 高空形势

2013 年 12 月 25 日 20 时高空,500 hPa 欧亚中高纬地区维持“多槽脊”型,我国西北至中东部地区均为弱西北气流,川西高原到贵州为弱西偏北气流控制,重庆西南有短波小槽,贵州省内西北风 34～41 m/s;700 hPa 川东切变,贵州西南气流影响,全省为显著湿区,贵阳温度露点差 1 ℃;850 hPa 贵州受弱的偏东北气流影响,全省为干区,贵阳温度露点差 6 ℃(图 6.59)。25 日 20 时探空图显示,贵阳上空气层稳定,SI=25.8 ℃,K=1 ℃,云层在 626～764 hPa,相对薄;中空逆温层 587～628 hPa,温差 10 ℃(图 6.60)。

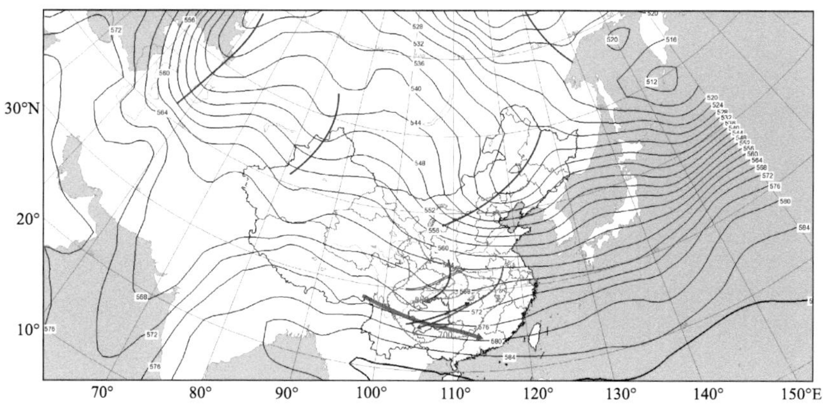

图 6.59 2013 年 12 月 25 日 20 时 500 hPa 高度场及影响系统配置

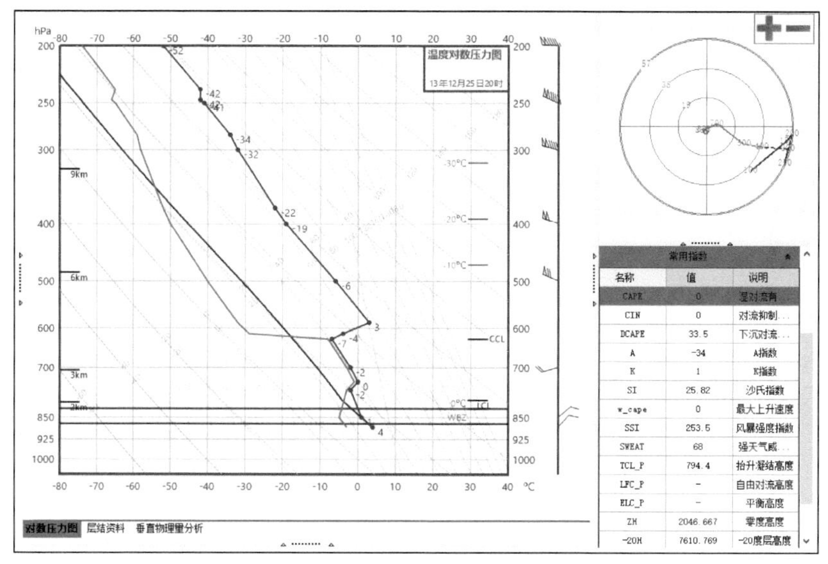

图 6.60 2013 年 12 月 25 日 20 时贵阳探空图

2013 年 12 月 26 日 08 时高空，500 hPa 欧亚中高纬为多小槽活动形势，在我国西北至中东部地区均为弱西北气流，川西高原到贵州维持弱西偏北气流控制，贵州省内西北风减弱为 24～34 m/s；700 hPa 重庆一贵州西北存在切变线，贵州受西南气流影响，全省为显著湿区，贵阳温度露点差 1 ℃；850 hPa 贵州受弱偏东北气流影响，贵州中西部为湿区，贵阳温度露点差 1 ℃（图 6.61）。26 日 08 时探空图显示，贵阳上空气层稳定，SI＝24.7 ℃，K＝3 ℃，云层在 597～850 hPa，云层厚；逆温层 2 个，出现在 694～771 hPa 和 525～597 hPa，温差分别为 2 ℃、6 ℃（图 6.62）。

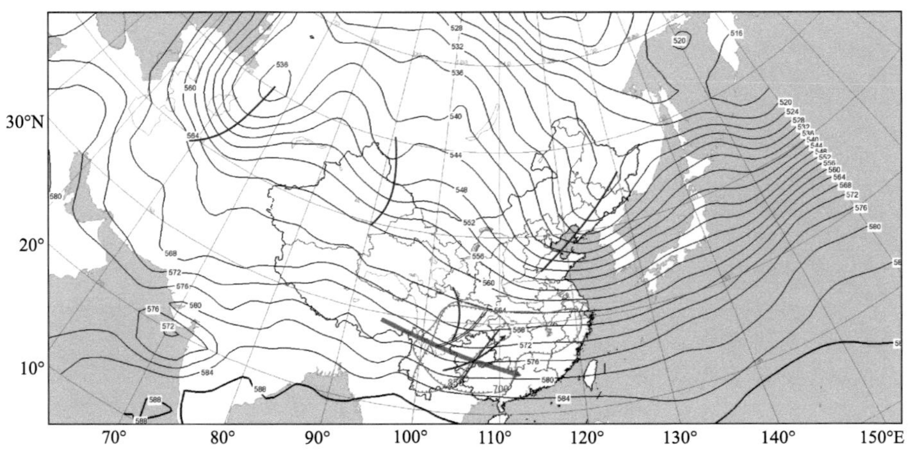

图 6.61　2013 年 12 月 26 日 08 时 500 hPa 高度场及影响系统配置

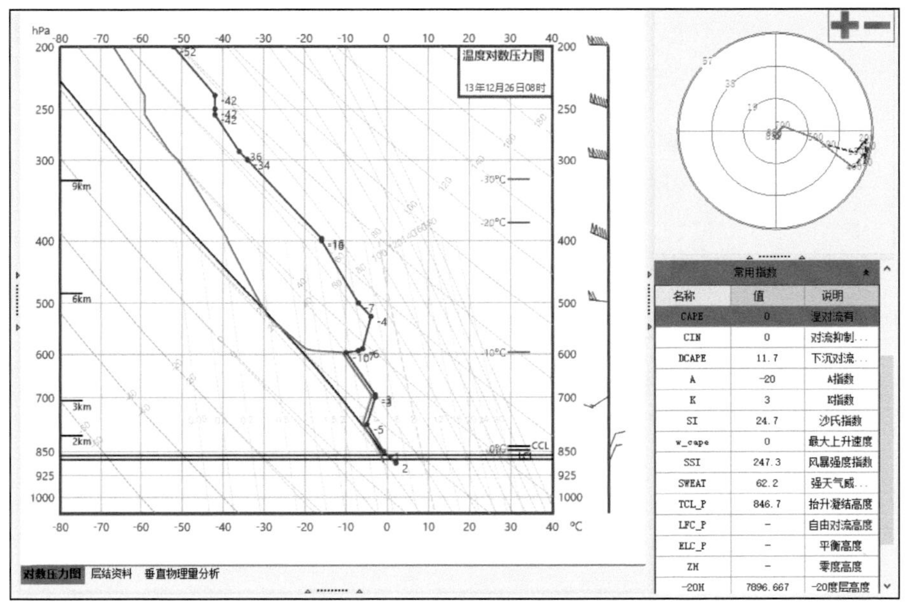

图 6.62　2013 年 12 月 26 日 08 时贵阳探空图

6.15.3 小结

本次中度污染是发生在地面冷锋后的均压场内，高空西北气流，中层西南气流，低层东北气流，低层冷温槽在贵州中部，中层逆温，中低云且云层厚，大气层结稳定的背景下发生的。

6.16 个例16——2014年1月1日(AQI 153中度污染)

6.16.1 地面形势

2014年1月1日08时地面，欧亚地区为强大的高压环流控制，贵州位于均压场内。全省气压在1020.8～1025.5 hPa，气压差为4.7 hPa；贵阳气压1022.3 hPa；贵州大部受偏北或东北气流影响，贵阳本站东风2 m/s。1日20时贵州西南部低压发展，贵阳西南风2 m/s，气压1012.6 hPa，全省最大气压差6.1 hPa(图6.63、图6.64)。

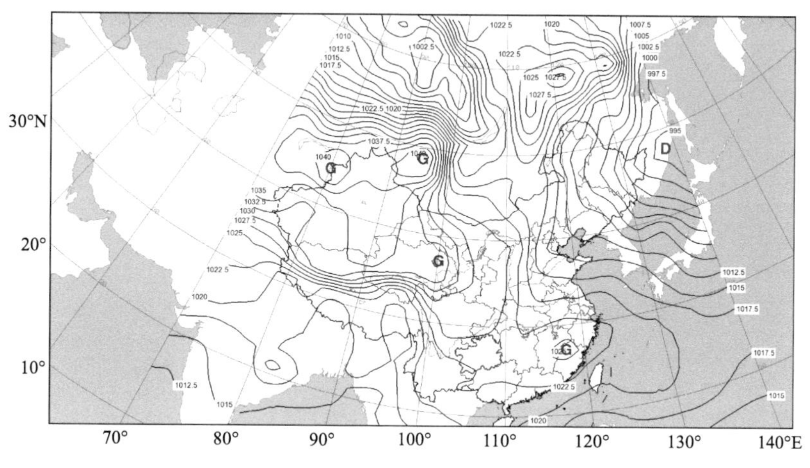

图6.63 2014年1月1日08时地面图

贵阳本站1日02—20时的压、温、湿三线图分析显示(图6.65)：

气压：1日02—08时气压变化小；11—17时持续降压，气压差－8.8 hPa；

温度：1日02—08时气温平稳；08—14时温差＋8 ℃；14—20时温差－3 ℃；

湿度：1日02—08时温度露点差在4.0～4.5 ℃；08—20时出现霾，温度露点差在4～9.5 ℃；温度露点差变化最小时段在1日08时。

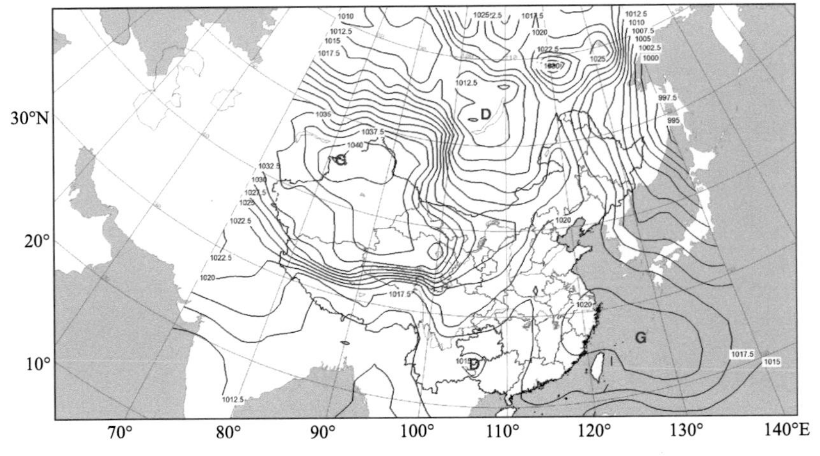

图 6.64　2014 年 1 月 1 日 20 时地面图

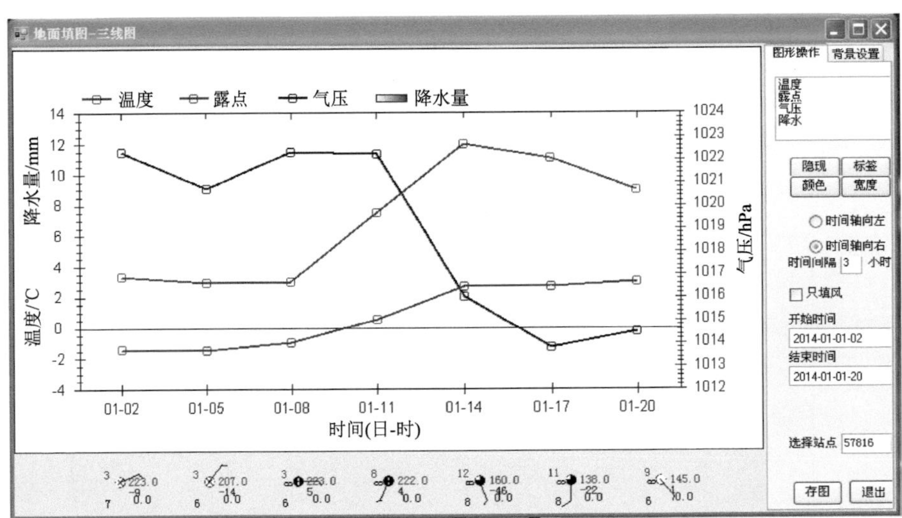

图 6.65　贵阳本站 1 日 02—20 时的压、温、湿三线图

6.16.2　高空形势

2014 年 1 月 1 日 08 时高空，500 hPa 欧亚中高纬地区为“两槽一脊”型，东亚大槽位于 130°E 附近，我国中低纬地区为西风气流主导，有短波小槽活动，贵州为偏西气流控制，风速 24～42 m/s；700 hPa 川西切变，贵州西偏南气流影响，全省为干区，贵阳温度露点差 24 ℃；850 hPa 贵州受弱偏南气流影响，全省为干区，贵阳温度露点差 5 ℃(图 6.66)。1 日 08 时探空图显示，贵阳上空气层稳定，SI=19.1 ℃，K=－10 ℃，云层较薄在 739～881 hPa；中空浅薄强逆温层在 726～739 hPa、温差 9 ℃，近地浅薄逆温层、温差 2 ℃(图 6.67)。

2014 年 1 月 1 日 20 时高空，500 hPa 形势大致同 08 时，川东有短波小槽活动，贵州为偏西气流控制，风速 22～31 m/s；700 hPa 贵州西南急流 26 m/s，全省为干区，贵阳温度露点差 18 ℃；850 hPa 贵州受偏南气流影响，全省为干区，贵阳温度露点差 5 ℃(图 6.68)。1 日 20 时

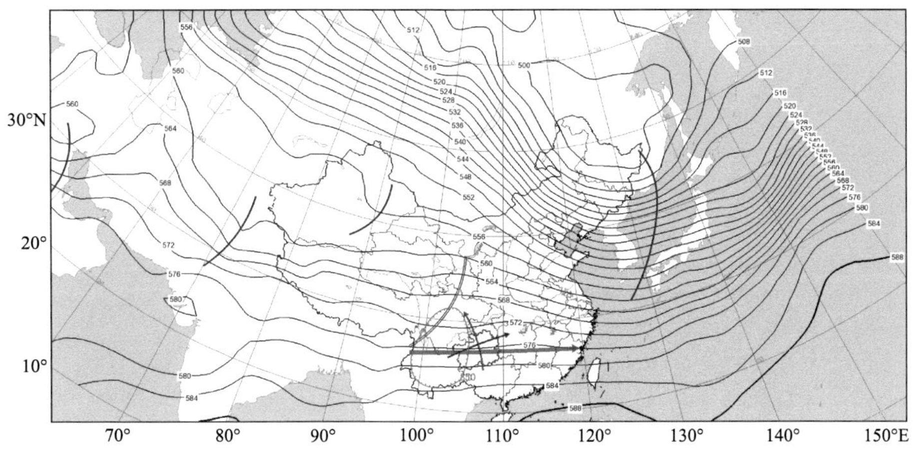

图 6.66　2014 年 1 月 1 日 08 时 500 hPa 高度场及影响系统配置

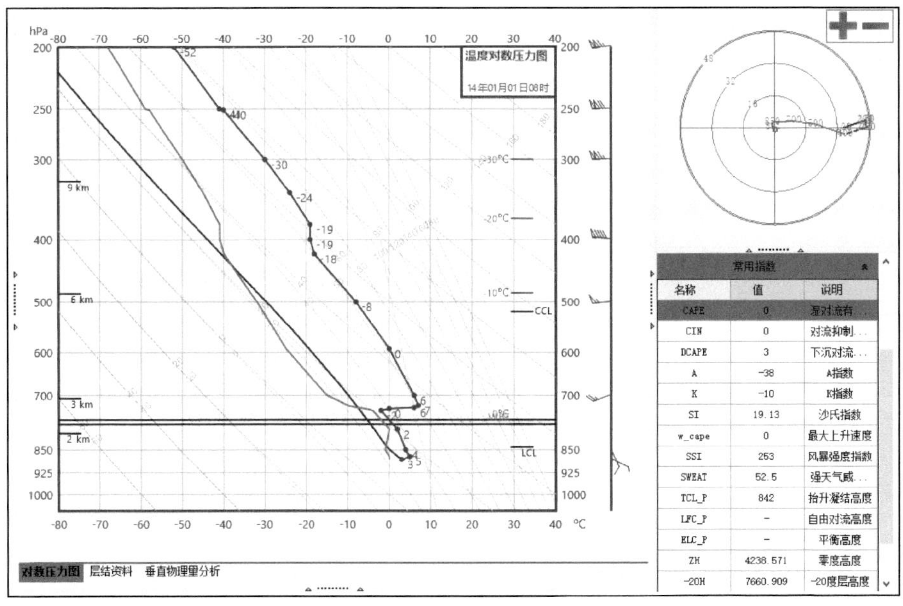

图 6.67　2014 年 1 月 1 日 08 时贵阳探空图

探空图显示，贵阳上空气层稳定，SI＝14.4 ℃，K＝0 ℃，云层在 736～875 hPa，相比 08 时增厚；中低空逆温层 683～720 hPa，温差 2 ℃（图 6.69）。

6.16.3　小结

本次中度污染是发生在地面低压发展，高空偏西气流，中层西南气流增强，低层偏南气流影响，有低空逆温，中低云且云层薄，大气层结稳定的背景下发生的。

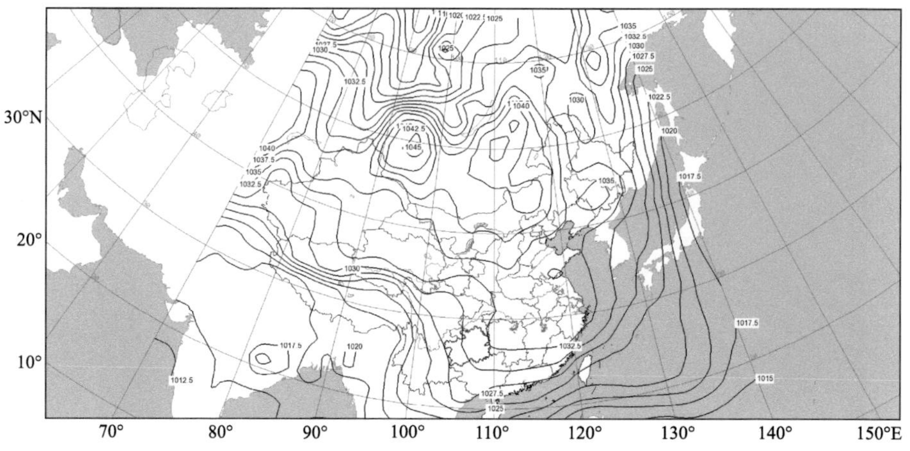

图 6.68　2014 年 1 月 1 日 20 时 500 hPa 高度场及影响系统配置

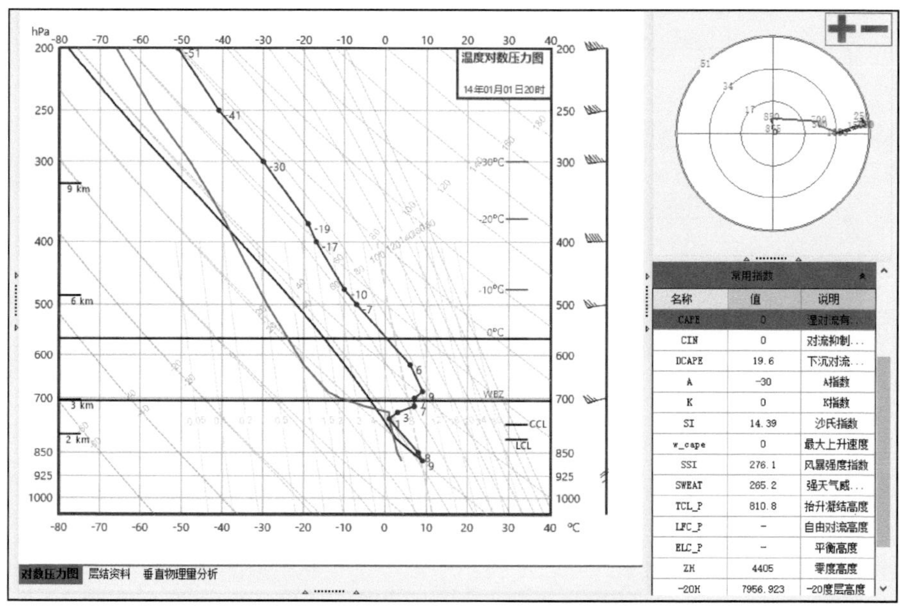

图 6.69　2014 年 1 月 1 日 20 时贵阳探空图

6.17

个例 17——2014 年 1 月 5 日(AQI 160 中度污染)

6.17.1　地面形势

2014 年 1 月 5 日 08 时地面，我国东部大陆为冷高压控制，云贵高原一带为低压场，贵阳在低压前部，气压为 1015.2 hPa，贵州境内东西部最大气压差 6.4 hPa，全省多受偏南或西南气流影响，贵阳本站为西南风 2 m/s(图 6.70)。

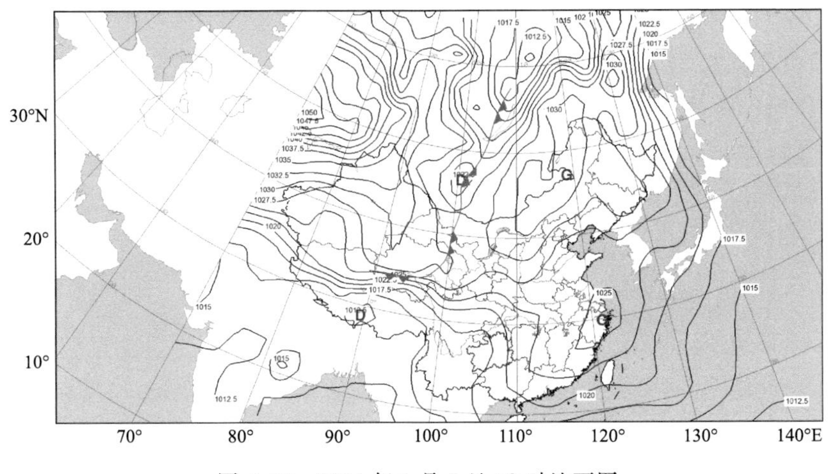

图 6.70　2014 年 1 月 5 日 08 时地面图

贵阳本站 4 日 02 时—6 日 08 时(发生前、中、后期共 48 h)的压、温、湿三线图分析显示(图 6.71)：

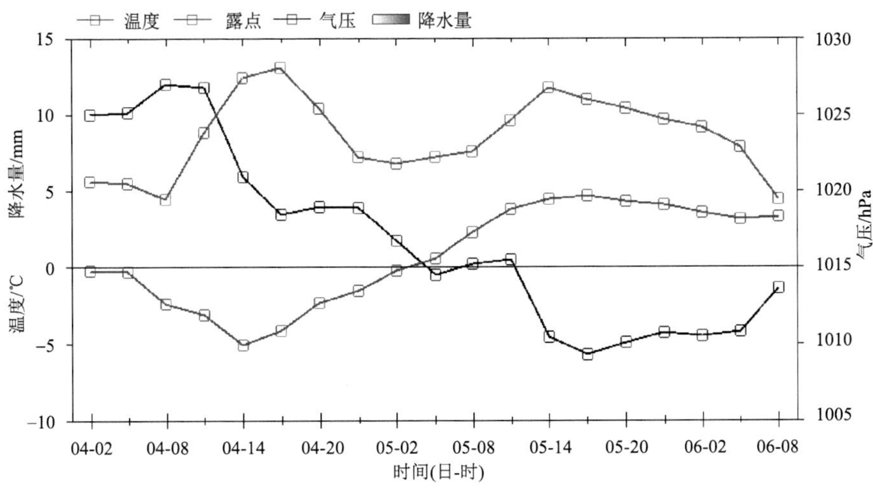

图 6.71　贵阳本站 4 日 02 时—6 日 08 时的压、温、湿三线图

气压：4 日 11 时—5 日 17 时持续降压阶段，气压差－15.5 hPa；5 日 17 时—6 日 08 时升压，气压差＋2.0 hPa；

温度：4 日 08—17 时温差＋8.5 ℃；4 日 17 时—5 日 02 时温差－6 ℃；5 日 02—14 时温差＋5 ℃；5 日 14 时—6 日 08 时温差－7.5 ℃；

湿度：4 日 08—23 时温度露点差最大为 12.5 ℃；4 日 23 时—5 日 20 时温度露点差逐步减小，基本维持在 5～6 ℃，空气湿度增大。

6.17.2 高空形势

2014 年 1 月 4 日 08 时高空，500 hPa 欧亚中高纬地区为“两槽一脊”型，中低纬西北－西南－贵州受西北气流控制；700 hPa 贵州受脊影响，贵阳温度露点差 4 ℃；850 hPa 四川－湖南有高压环流，贵州位于高压中心，贵阳为偏北气流，贵阳温度露点差 10 ℃，为干区。探空图显示，贵阳上空气层稳定，SI＝17.11 ℃，K＝6 ℃，有 2 层浅薄逆温层，719～738 hPa 温差 1 ℃，604～616 hPa 温差 1 ℃；湿层较薄位于 623～637 hPa，中云(图 6.72)。

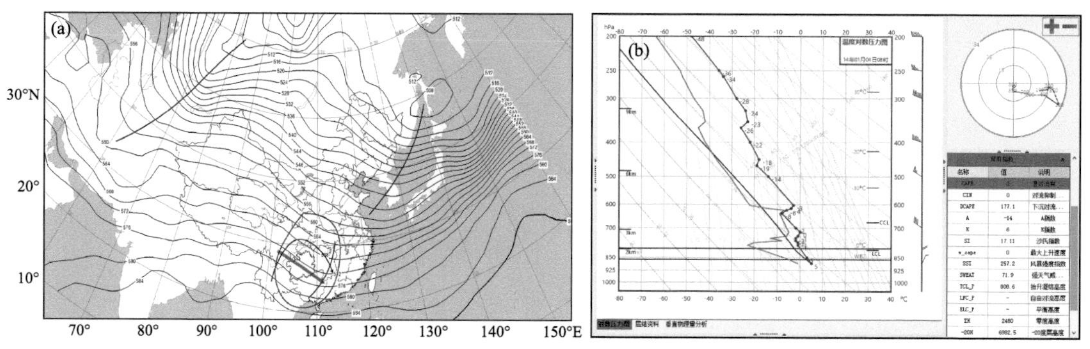

图 6.72　2014 年 1 月 4 日 08 时 500 hPa 高度场及影响系统配置(a)和贵阳探空图(b)

2014 年 1 月 5 日 08 时高空，500 hPa 欧亚中高纬地区为“一槽一脊”型，在西伯利亚到我国大部为西北气流影响，贵州受西北气流控制；700 hPa 川西北有低压，云南到贵州为西南急流，贵州为湿区，贵阳温度露点差 1 ℃；850 hPa 川东南有切变，贵州为偏南气流，大部为湿区，贵阳温度露点差 3 ℃。探空图显示，贵阳上空气层稳定，SI＝17.91 ℃，K＝13 ℃，中层逆温 675～700 hPa，温差 9 ℃；湿层位于 700～850 hPa，中低云(图 6.73)。

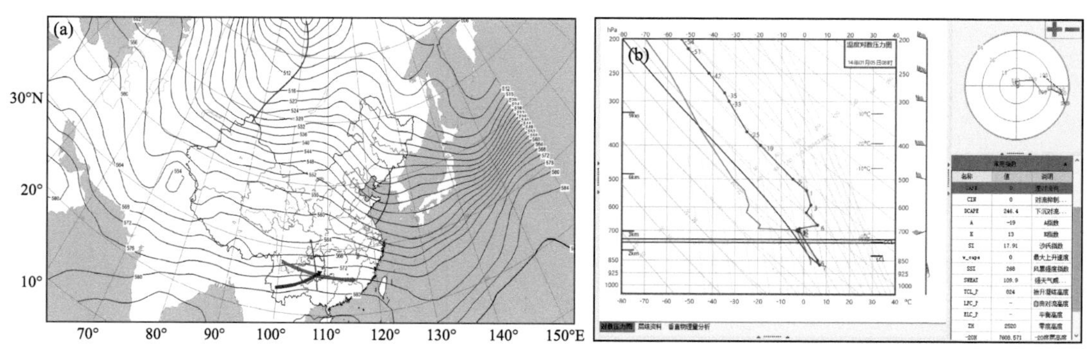

图 6.73　2014 年 1 月 5 日 08 时 500 hPa 高度场及影响系统配置(a)和贵阳探空图(b)

6.17.3 小结

本次中度污染是在冷锋入海后，贵州位于低压前部，高空为西北气流、中低层为脊或高压控制，存在中空 2 层浅薄逆温，大气层结稳定的背景下发生。

6.18
个例18——2014年1月6日(AQI 195 中度污染)

6.18.1 地面形势

2014年1月6日08时地面,河西走廊有冷锋,贵州省受低压影响,低压中心在云南;全省气压在1011.3～1017.8 hPa,气压差为6.5 hPa;贵阳气压1013.6 hPa;贵州北部、东部多受偏北气流影响,南部、西部受西南风影响,贵阳本站北风2 m/s。6日17时,冷锋东移到河套中部,云南到贵州低压发展,全省气压在1004.1～1013.1 hPa,气压差为9 hPa;贵阳气压1007 hPa;贵州北部、东部多受偏东北气流影响,南部、西部西南风维持,贵阳本站东风4 m/s(图6.74、图6.75)。

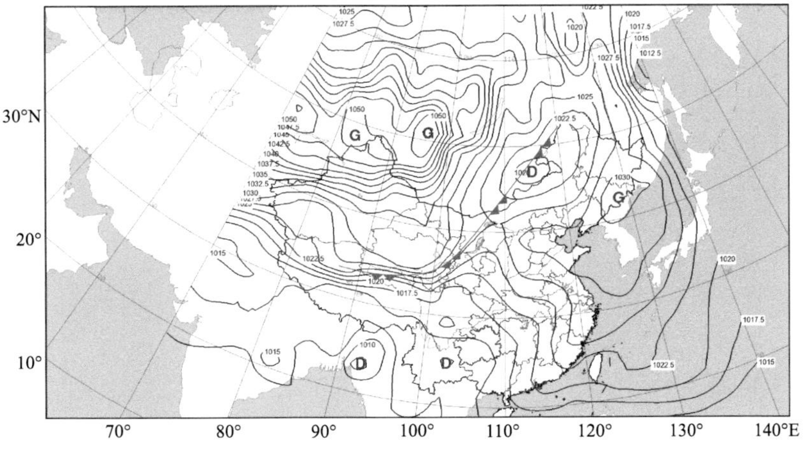

图6.74 2014年1月6日08时地面图

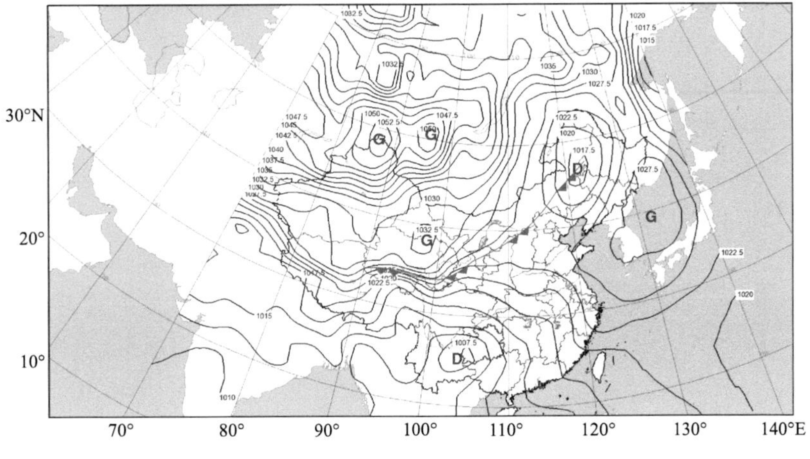

图6.75 2014年1月6日17时地面图

贵阳本站5日20时—7日08时(发生前、中、后期共48 h)的压、温、湿三线图分析显示(图6.76):

气压:5日20时—6日11时升压阶段,气压差+5.0 hPa;26日11—17时降压阶段,气压差−7.2 hPa;6日17时—7日08时气压差+10.9 hPa;

温度:5日20时—6日08时温差−5 ℃;6日08—17时温差+3 ℃;6日17时—7日08时温差−4 ℃;

湿度:5日20时—6日05时温度露点差在4.6~5.8 ℃,最大出现在5日20时;6日08时—7日08时,温度露点差小,在0.7~2.7 ℃;6日17时出现霾,温度露点差为2.7 ℃,其余时段天气现象为小雨或轻雾。

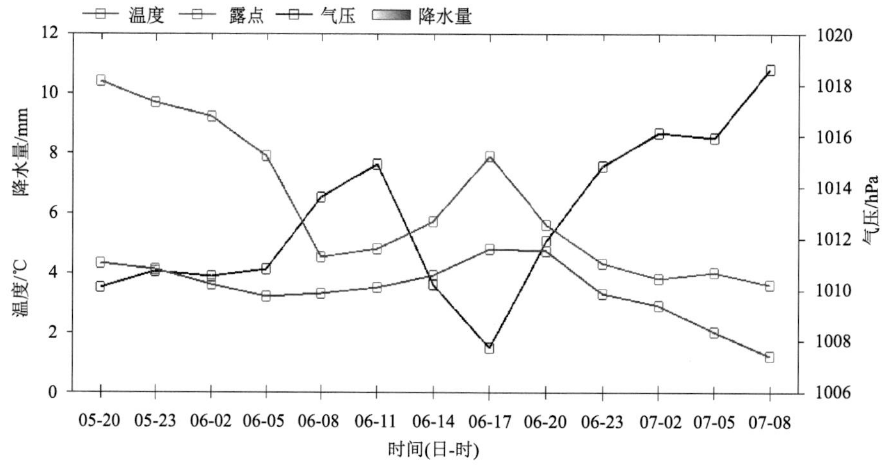

图6.76 贵阳本站5日20时—7日08时的压、温、湿三线图

6.18.2 高空形势

2014年1月6日08时高空,500 hPa欧亚高纬中西伯利亚—贝加尔胡为低压槽,我国大部分区域为纬向环流的西风气流控制,川东北有短波小槽,贵州省内西风38~48 m/s;700 hPa贵州西南急流影响,贵阳西南风22 m/s,全省为干区,贵阳温度露点差22 ℃;850 hPa贵州“东北—西南”向切变,贵阳东北风4 m/s,贵州东部、南部西南急流,全省为湿区,贵阳温度露点差1 ℃(图6.77)。探空图显示,贵阳上空气层稳定,SI=16.8 ℃,K=−8 ℃,云层在712~875 hPa,中低云、相对薄;出现浅薄低空逆温层799~839 hPa,温差2 ℃(图6.78)。

2014年1月6日20时高空,500 hPa形势大体同08时,重庆到贵州北部有短波小槽,贵州省内为偏西风48 m/s;700 hPa贵州西南急流略有增强,贵阳风速24 m/s,全省为湿区,贵阳温度露点差1 ℃;850 hPa贵州“东北—西南”向切变维持,贵阳站东北风维持,贵州东部、南部为西南急流,全省为湿区,贵阳温度露点差1 ℃(图6.79)。探空图显示,贵阳上空气层稳定,SI=21.4 ℃,K=9 ℃,云层在679~871 hPa,中低云;低空在816~855 hPa逆温增强,温差6 ℃(图6.80)。

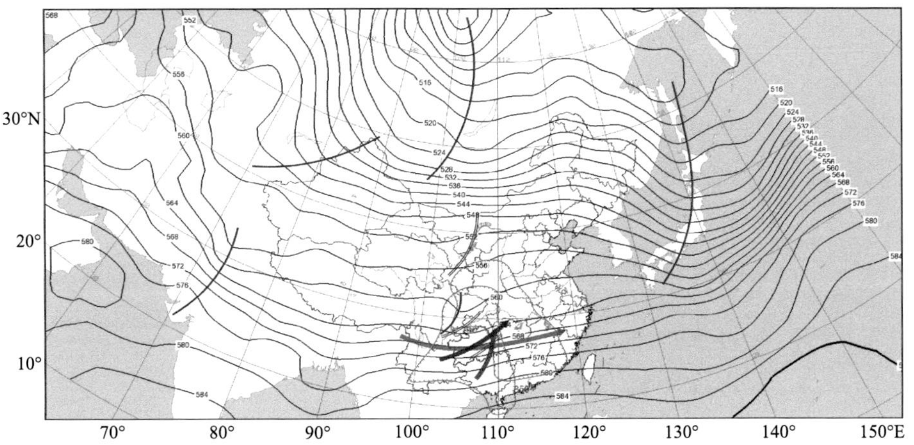

图 6.77　2014 年 1 月 6 日 08 时 500 hPa 高度场及影响系统配置

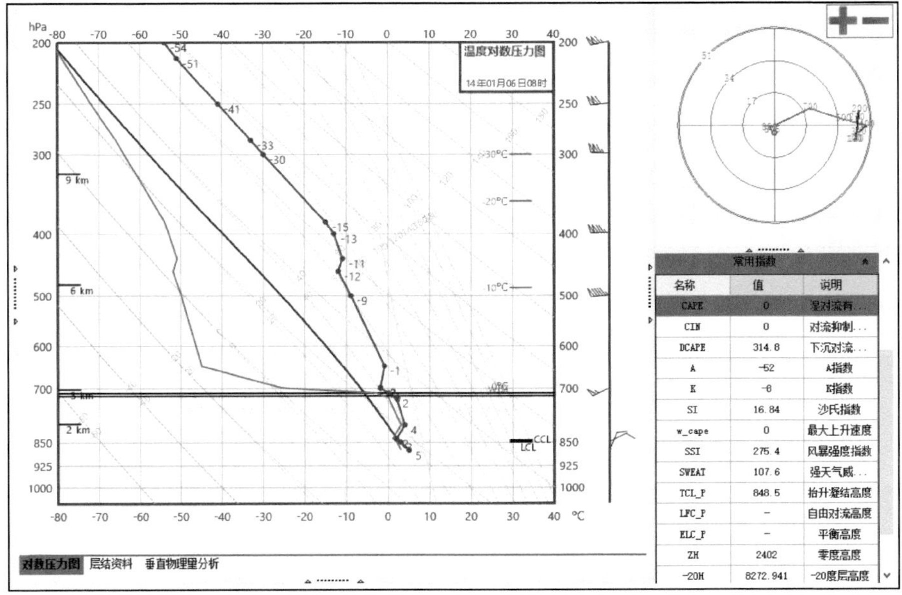

图 6.78　2014 年 1 月 6 日 08 时贵阳探空图

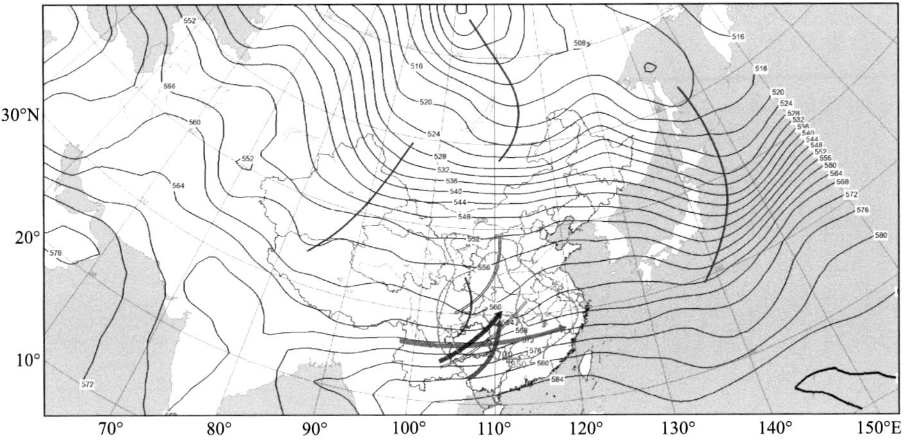

图 6.79　2014 年 1 月 6 日 20 时 500 hPa 高度场及影响系统配置

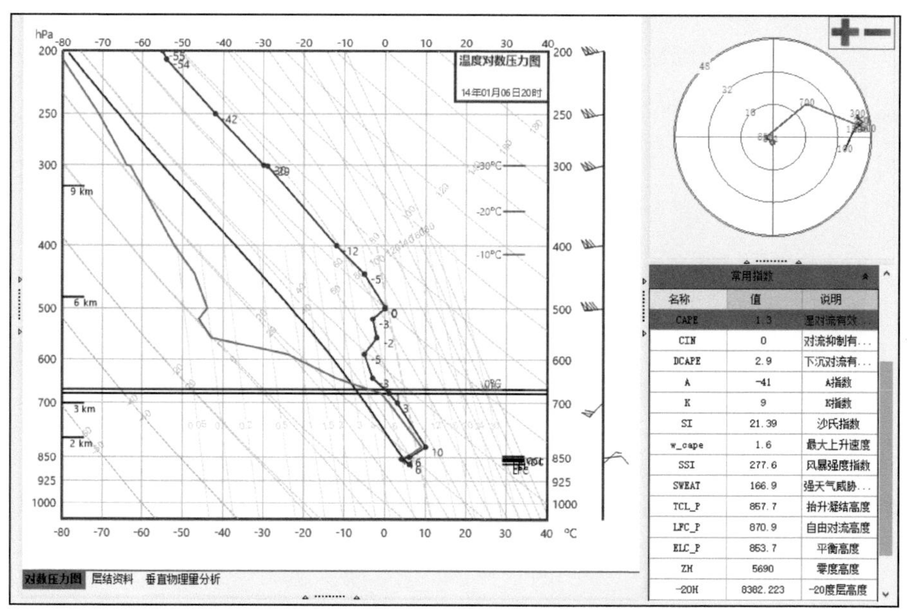

图 6.80　2014 年 1 月 6 日 20 时贵阳探空图

6.18.3　小结

本次中度污染是发生在地面低压场内，高空短波槽，中层西南急流，低层切变维持，中低层处于显著湿区，有中低云、中低空逆温，大气层结稳定的背景下发生的。

6.19 个例 19——2014 年 1 月 16 日（AQI 176 中度污染）

6.19.1　地面形势

2014 年 1 月 16 日 08 时地面，我国东北一山东一川北存在冷锋，贵州处于锋前低压均压场，气压在 1023.9～1028.9 hPa，贵阳气压 1026.8 hPa，贵州境内东、西部最大气压差 6 hPa，全省多受弱偏东北气流影响，贵阳本站为东北风 2 m/s（图 6.81）。

贵阳本站 15 日 08 时—17 日 08 时（发生前、中、后期共 48 h）的压、温、湿三线图分析显示（图 6.82）：

气压：15 日 11—17 时降压阶段，气压差－6.8 hPa；15 日 17 时—16 日 17 时气压有着小幅升降变化，最大变幅 4.6 hPa；16 日 17 时—17 日 08 时持续升压，气压差＋5.9 hPa；

温度：15 日 08—17 时温差＋8 ℃；15 日 17 时—16 日 08 时温差－5 ℃；16 日 08—17 时温差＋3 ℃；16 日 17 时—17 日 08 时温差－5 ℃；

湿度:15 日 11—20 时温度露点差增大;15 日 20 时—16 日 11 时温度露点差有所减小;16 日 20 时—17 日 08 时温度露点差继续减小达 2.5 ℃。

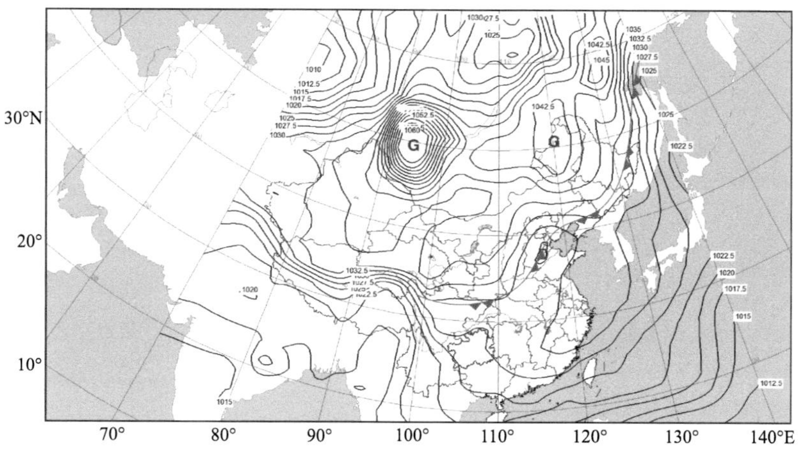

图 6.81　2014 年 1 月 16 日 08 时地面图

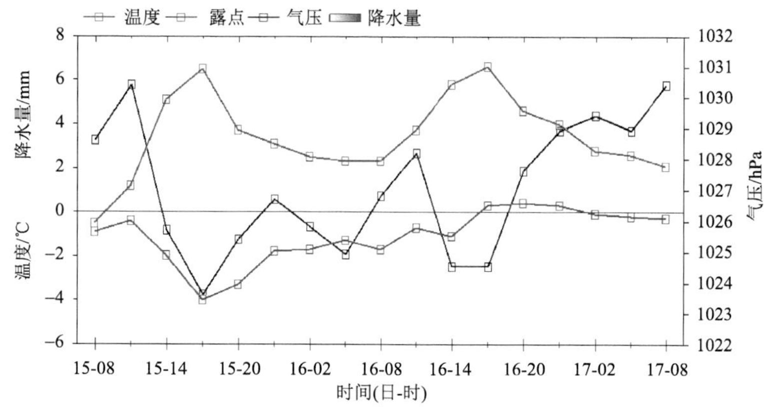

图 6.82　贵阳本站 15 日 08 时—17 日 08 时的压、温、湿三线图

6.19.2　高空形势

2014 年 1 月 15 日 08 时高空,500 hPa 欧亚中高纬地区为“两槽一脊”型,西伯利亚到我国北方多为西北气流影响,但在西北气流上多分离下滑槽东南移,引导冷空气南下影响,贵州受西北气流控制;700 hPa 川南—滇中切变,贵州中部—重庆西南急流,贵州中西部湿区,贵阳温度露点差 4 ℃;850 hPa 偏南气流,贵州北部为湿区。探空图显示,贵阳上空气层稳定,SI=18.94 ℃,K=6 ℃,近地浅薄逆温层 850～879 hPa、温差 3 ℃,中层逆温 565～592 hPa、温差 6 ℃;湿层位于 600～700 hPa,中云(图 6.83)。

2014 年 1 月 16 日 08 时高空,500 hPa 欧亚中高纬地区维持“两槽一脊”型,川东小槽,贵州受偏西气流影响;700 hPa 川东、滇东切变,贵州为偏西南气流,显著湿区,温度露点差小于 1 ℃;850 hPa 川东切变、贵州为偏南气流,温度露点差大于 4 ℃。探空图显示,贵阳大气层结稳定,SI=21.41 ℃,K=6 ℃,中层浅薄逆温 763～764 hPa,温差 4 ℃;湿层在 650～850 hPa,

中低云(图 6.84)。

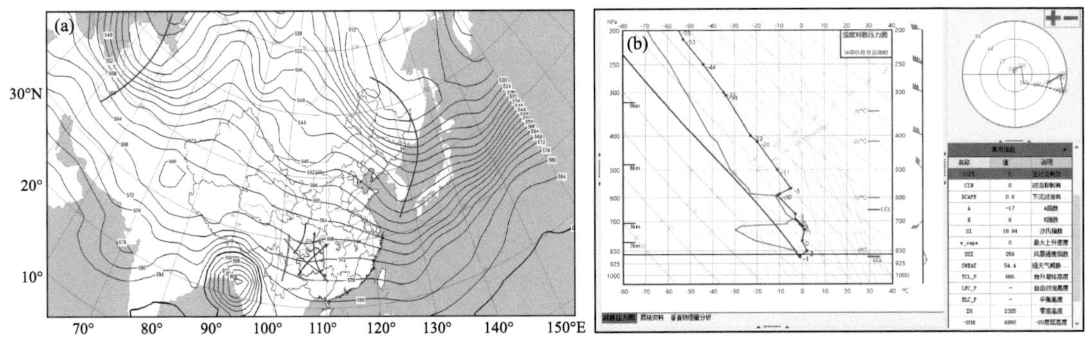

图 6.83　2014 年 1 月 15 日 08 时 500hPa 高度场及影响系统配置(a)和贵阳探空图(b)

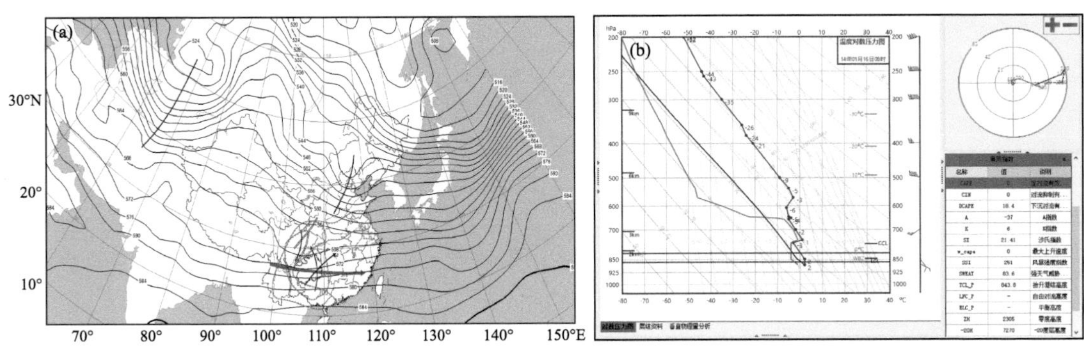

图 6.84　2014 年 1 月 16 日 08 时 500 hPa 高度场及影响系统配置(a)和贵阳探空图(b)

6.19.3　小结

本次中度污染是在地面锋前低压场，高空偏西气流，中低层偏南气流，中层偏湿，低层逆温，大气层结稳定的背景下发生。

6.20
个例 20——2014 年 1 月 25 日(AQI 195 中度污染)

6.20.1　地面形势

2014 年 1 月 25 日 08 时地面，欧亚地区为高压控制，高压中心位于蒙古国境内，贵州为高压环流底部均压场控制，气压在 1020.0～1022.5 hPa，贵阳气压 1020.9 hPa，贵阳本站为东风 2 m/s，全省天气晴好(图 6.85)。

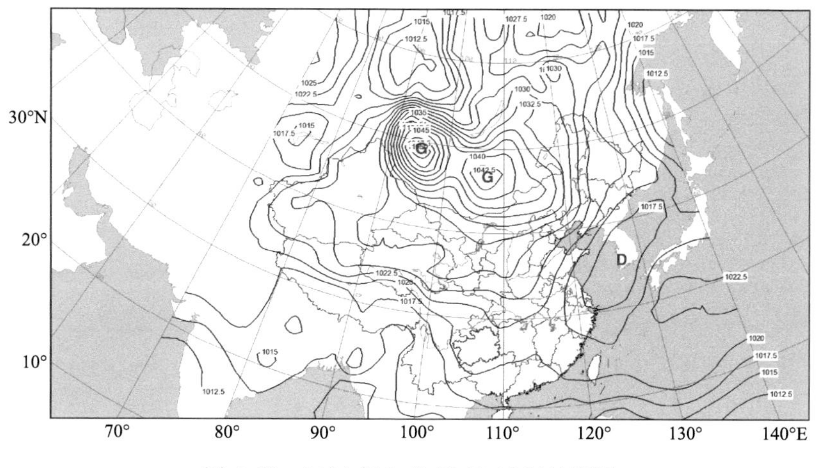

图 6.85 2014 年 1 月 25 日 08 时地面图

从贵阳本站 24 日 08 时—26 日 08 时(发生前、中、后期共 48 h)的压、温、湿三线图显示(图 6.86):

气压:24 日 17 时—25 日 08 时显著气压差+11.8 hPa,之后存在气压的正常日变化,气压差在−6～+6 hPa;

温度:24 日 20 时—25 日 08 时有强烈辐射降温,温差达−7.4 ℃;25 日 08—17 时显著温差+11.2 ℃;

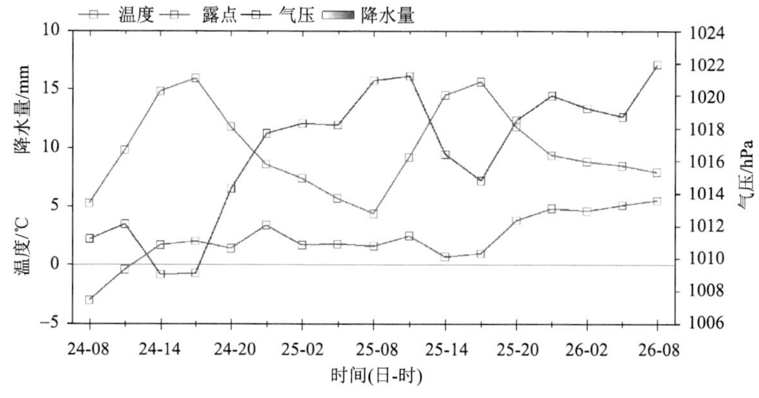

图 6.86 贵阳本站 24 日 08 时—26 日 08 时的压、温、湿三线图

湿度:白天温度露点差大,在 10～15 ℃;夜间温度露点差逐步减小,25 日 08 时温度露点差最小,为 2.8 ℃。由于贵阳为晴好天气,本站无降水。

6.20.2 高空形势

2014 年 1 月 25 日 08 时高空,500 hPa 欧亚中高纬地区为“两槽一脊”型,贵州受短波脊控制;700 hPa 受西北气流影响;850 hPa 受高压东侧偏北气流影响。贵阳上空无云,700 hPa 与 850 hPa 温度露点差分别为 8 ℃、4 ℃。探空图显示,贵阳上空气层稳定,SI=20.02 ℃,K=3 ℃;贴地层有 1 ℃的逆温;700 hPa 以上温度露点差均在 10 ℃以上(图 6.87)。

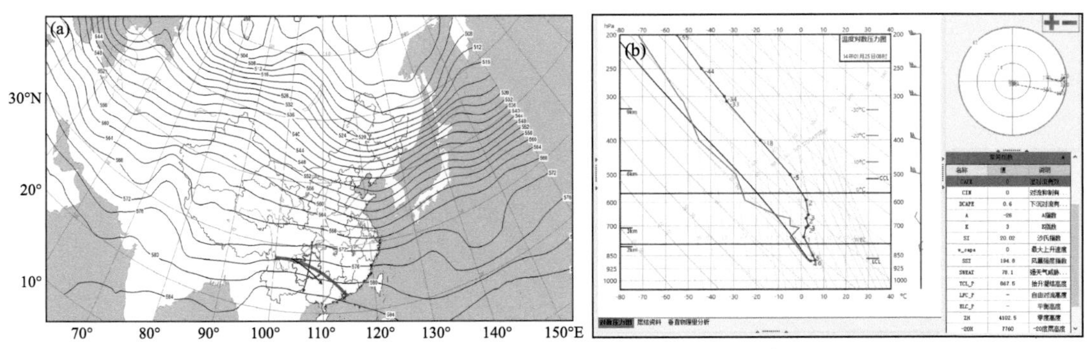

图 6.87　2014 年 1 月 25 日 08 时 500 hPa 高度场及影响系统配置(a)和贵阳探空图(b)

6.20.3　小结

本次中度污染是在地面高压底部均压场的弱东风和高空短波脊影响下，中低层偏北风，存在贴地层逆温，大气层结稳定的背景下发生的。发生前一天及当天为晴天。

6.21
个例 21——2014 年 1 月 26 日(AQI 175 中度污染)

6.21.1　地面形势

2014 年 1 月 26 日 08 时，位于蒙古国的地面冷高压快速东南移，我国中东部地区受冷高压控制，冷锋出海，高压中心位于山东半岛(中心气压值为 1036.0 hPa)。贵州西部有静止锋，贵阳处于锋后，气压在 1023.8～1026.5 hPa，贵阳站气压 1021.9 hPa，受东北路径冷空气影响，全省转为阴雨天气，贵州境内气压差加大，最大 6 hPa，全省风向多为东北风，风速很弱，贵阳本站为东东北风 2 m/s，贵阳为轻雾，能见度 4500 m，贵阳市区北部的乌当监测到霾(图 6.88)。

贵阳本站 25 日 08 时—27 日 08 时(发生前、中、后期共 48 h)的压、温、湿三线图分析显示(图 6.89)：

气压：25 日 17 时—26 日 11 时气压差＋9.6 hPa，之后气压变化不大，在 2 hPa 范围内波动；

温度：由于受冷空气的南下影响，从 25 日 17 时开始气温逐步下降，到 26 日 08 时降至 7.9 ℃，降幅达 7.7 ℃，随后继续小幅下降，到 27 日 05 时气温仅为 5.6 ℃；

湿度：25 日 14—17 时温度露点差最大；25 日 20 时—26 日 08 时温度露点差逐步减小；26 日 08 时温度露点差为 2.4 ℃，之后维持在 3 ℃以内；26 日 17—20 时本站降雨量 0.1 mm。

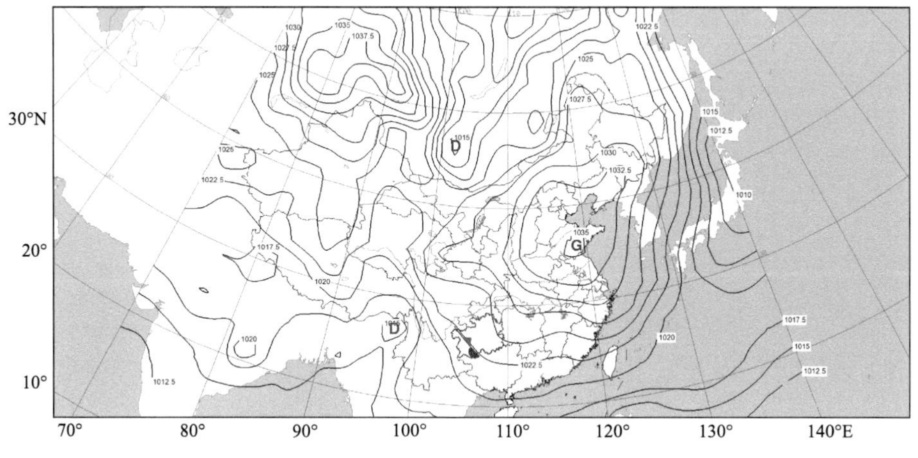

图 6.88　2014 年 1 月 26 日 08 时地面图

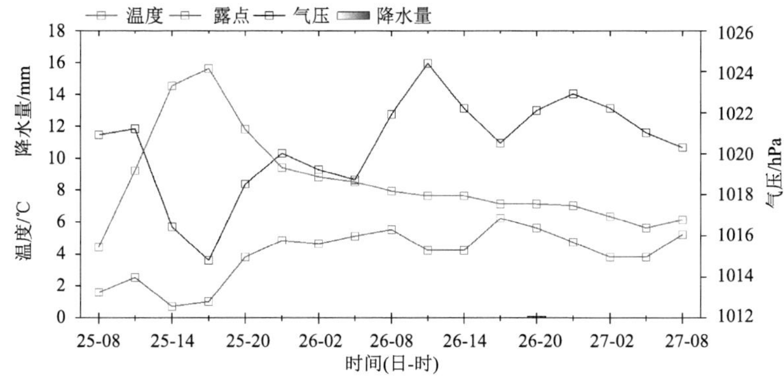

图 6.89　贵阳本站 25 日 08 时—27 日 08 时的压、温、湿三线图

6.21.2　高空形势

2014 年 1 月 26 日 08 时高空，500 hPa 欧亚中高纬地区为“两槽两脊”型，在西伯利亚到我国北方多为西北气流影响，在西北气流上多短波槽东南移，川北短波槽，中低纬受平直的偏西气流影响，多短波槽东移影响贵州；700 hPa 川东到滇北有切变，贵州为偏西气流、湿区，贵阳温度露点差 1 ℃；850 hPa 贵州为高压底部的东南气流影响，大部为湿区，贵阳温度露点差 1 ℃。探空图显示，贵阳上空气层稳定，SI＝14.39 ℃，K＝17 ℃，中层逆温 600～650 hPa，温差 5 ℃；中低层 650～885 hPa 湿度大，该层结以上湿度小，中低云(图 6.90)。

6.21.3　小结

本次中度污染是在地面受冷空气南下、高空短波槽东移、低层受偏东风影响下，中层逆温，大气层结稳定的背景下发生的。发生前一天为晴好天气，发生日云量增多，以阴天为主(下午出现小雨)。

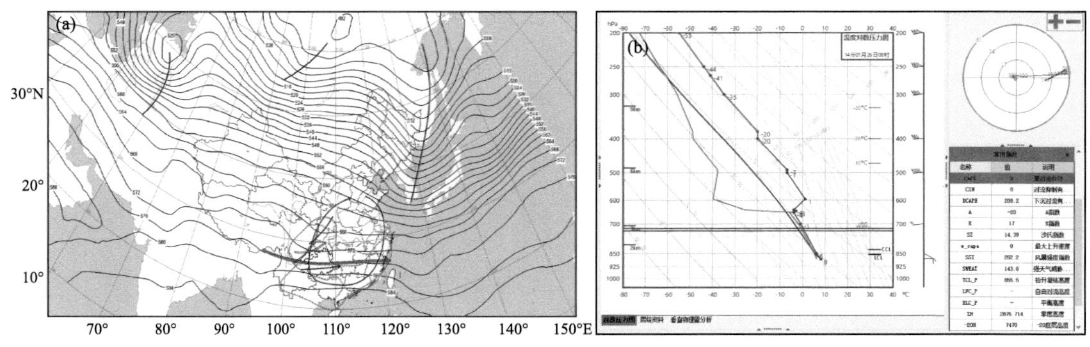

图 6.90　2014 年 1 月 26 日 08 时 500 hPa 高度场及影响系统配置(a)和贵阳探空图(b)

6.22
个例 22——2014 年 1 月 28—29 日(AQI 分别为 158、152,中度污染)

6.22.1　地面形势

2014 年 1 月 28 日 08 时地面,我国中东部地区受冷高压控制,高压中心位于河北北部,中心气压值为 1033.6 hPa,贵阳站气压 1020.5 hPa,贵州境内最大气压差为 6 hPa,全省多受高压底部偏东北气流影响,贵阳本站为北风 2 m/s。27 日夜间受冷空气南下影响,贵州中北部均出现小雨,整天阴雨天气维持(图 6.91)。

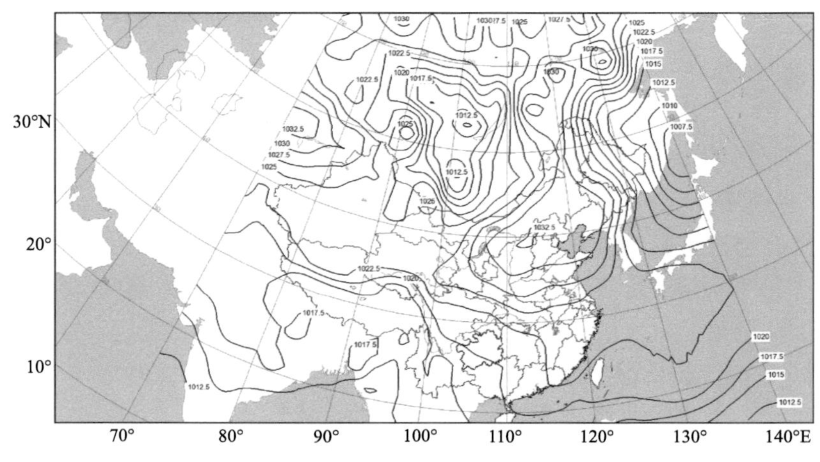

图 6.91　2014 年 1 月 28 日 08 时地面图

2014 年 1 月 29 日 08 时地面,冷高压快速南移减弱分离为两个高压中心,我国中东部地区气压北低南高,东北地区为低压控制,控制贵州的高压中心位于四川东部,中心气压值为 1024.2 hPa,贵阳站气压 1022.5 hPa,贵州境内最大气压差为 6 hPa,全省多受高压底部偏东气流影响，贵阳本站为东偏北风 2 m/s。29 日 08 时—30 日 08 时贵州为小雨转晴，30 日早晨贵阳出现辐射雾，05 时能见度最低 700 m(图 6.92)。

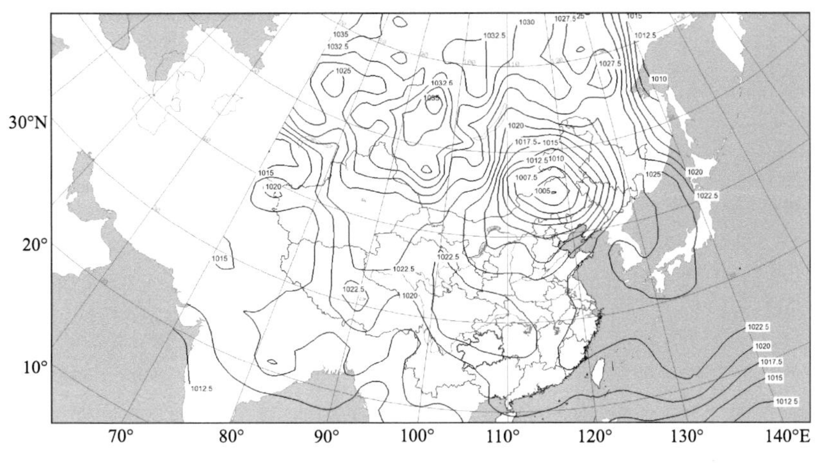

图 6.92　2014 年 1 月 29 日 08 时地面图

从贵阳本站 27 日 08 时—30 日 08 时(发生前、中、后期共 72 h)的压、温、湿三线图显示(图 6.93)：

气压：27 日 17 时—28 日 11 时气压明显上升，气压差＋7.2 hPa，28 日白天气压略有下降；28 日 17 时—29 日 11 时气压再次上升，气压差＋6.4 hPa，随后气压变幅不大；

温度：28 日 08 时—29 日 08 时温差小，为 2.6 ℃；29 日 08 时之后由于天气转好，升温较明显，温差＋5.8 ℃；

湿度：27 日 20 时—29 日 08 时温度露点差小，在 0.9 ℃内；29 日白天温度露点差最大 5.8 ℃；夜间温度露点差又变小，30 日 05 时接近饱和，有雾出现。

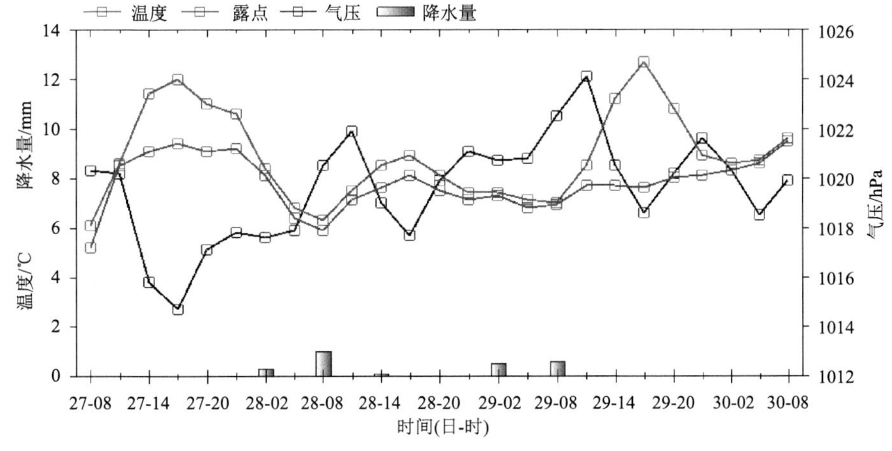

图 6.93　贵阳本站 27 日 08 时—30 日 08 时的压、温、湿三线图

6.22.2　高空形势

2014 年 1 月 28 日 08 时高空，500 hPa 欧亚中高纬地区为“两槽一脊”型，中低纬地区受平

直的偏西气流影响，有高原槽及南支槽东移影响贵州；700 hPa 贵州受西南气流控制，滇东及川南分别有切变维持；850 hPa 存在两高切变，切变位于贵州东部到南部，贵阳为东北风 4 m/s。700 hPa 与 850 hPa 温度露点差均小于 1 ℃。探空图显示，贵阳上空气层稳定，SI＝12.61 ℃，K＝18 ℃；678 hPa 以下中低层湿度大，以上湿度小，为中低云，无逆温层（图 6.94）。

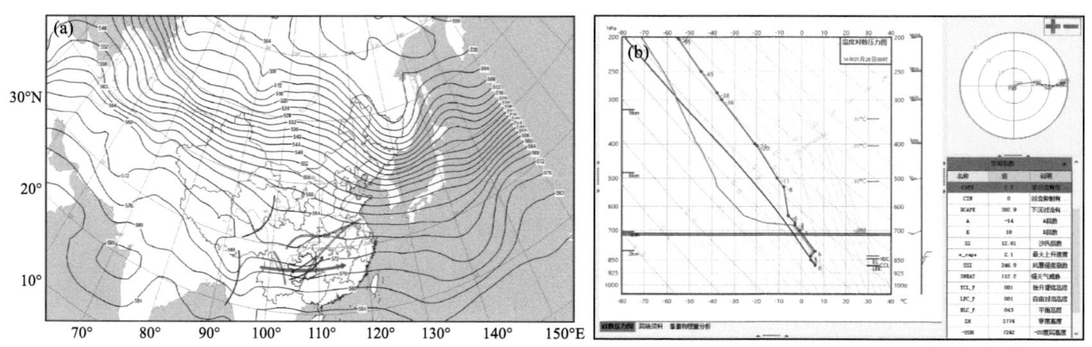

图 6.94　2014 年 1 月 28 日 08 时 500 hPa 高度场及影响系统配置(a)和贵阳探空图(b)

2014 年 1 月 29 日 08 时高空，500 hPa 欧亚中高纬地区维持“两槽一脊”型，中低纬受平直的偏西气流影响，高空槽已经东移减弱到贵州北部；700 hPa 切变线位于湖北到贵州北部；850 hPa 两高切变维持在贵州东部到南部地区，贵阳为东北风 4 m/s。700 hPa 与 850 hPa 温度露点差均小于 1 ℃。探空图显示，贵阳上空气层稳定，SI＝10.91 ℃，K＝20 ℃；660 hPa 中低层以下湿度大，以上湿度小，为中低云，768～850 hPa 有等温层结（图 6.95）。

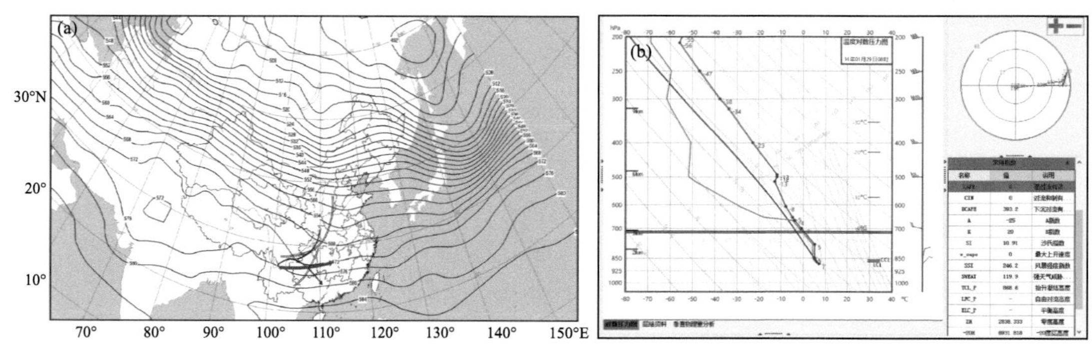

图 6.95　2014 年 1 月 29 日 08 时 500 hPa 高度场及影响系统配置(a)和贵阳探空图(b)

6.22.3　小结

本次持续两天的中度污染第一天是受冷空气及中低空低值系统影响下，维持稳定的阴雨天气、大气层结稳定的背景下发生的；第二天是冷高压南下减弱控制贵州，中低空低值系统东南移出贵州，天气为雨转晴，存在低空等温层结，大气层结稳定的背景下发生的。

6.23 个例23——2014年12月26—27日(AQI分别为192、166,中度污染)

6.23.1 地面形势

2014年12月26日08时地面,欧亚地区受庞大的冷高压控制,东部的高压中心位于内蒙古东部,中心气压值为1039.6 hPa,贵阳站气压1023.3 hPa,贵州境内最大气压差为7 hPa,全省多受高压后部东南气流影响,贵阳本站为东风2 m/s,26日贵阳维持阴天,08时能见度7000 m,为轻雾天气(图6.96)。

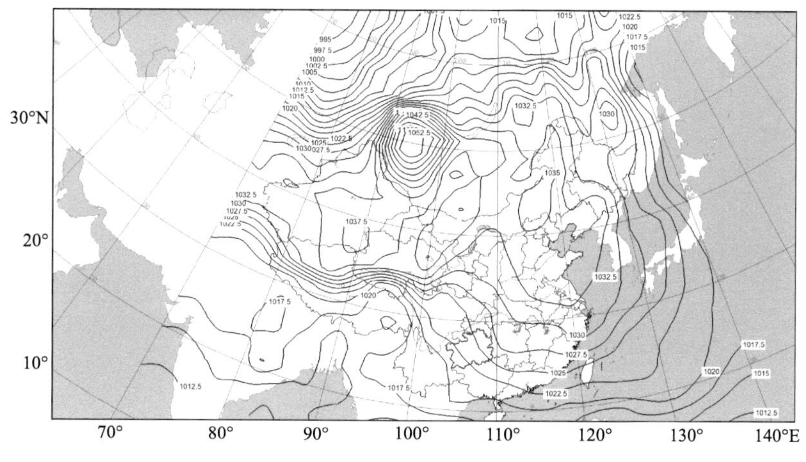

图6.96　2014年12月26日08时地面图

2014年12月27日08时地面,欧亚地区受庞大的冷高压控制,东部的高压中心东移入海,西部的高压中心东移至河套西侧,中心气压值为1050.0 hPa,贵阳站气压1028.9 hPa,贵州境内最大气压差为6 hPa,全省受高压底部偏东气流影响,贵阳本站为东风2 m/s,27日贵阳维持阴天,08时能见度2000 m,为轻雾天气(图6.97)。

从贵阳本站25日08时—26日23时(发生前、中期共39 h)的压、温、湿三线图显示(27日缺资料,图6.98):

气压:25日08时—26日17时气压较稳定,主要是日变化的波动;从26日17时开始气压明显上升,到26日23时6 h升压,气压差+6.5 hPa;

温度:25日08时—26日23时整体气温变幅小,逐3 h最大温差为3.4 ℃;26日17时之后随着冷空气南下影响,气温逐3 h降幅增大;

湿度:25日08—23时污染发生前,温度露点差较小,在1.9 ℃内;25日23时之后温度露点差加大,最大出现在26日14时为6.2 ℃。

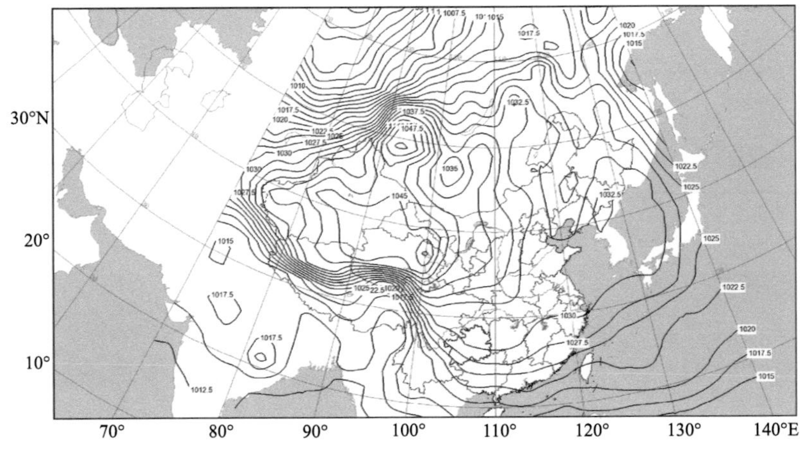

图 6.97　2014 年 12 月 27 日 08 时地面图

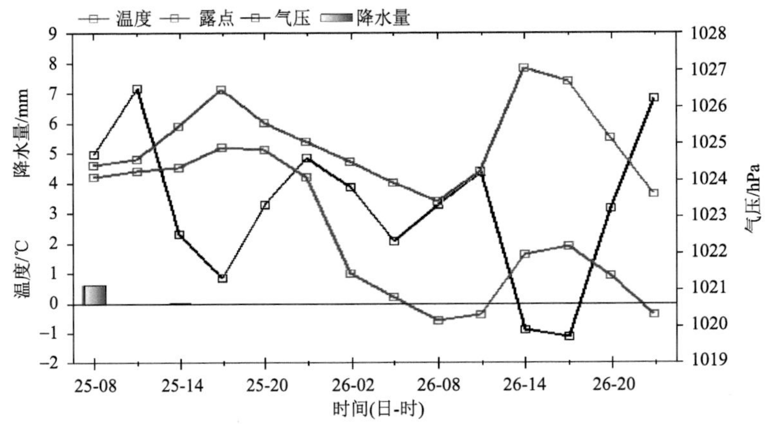

图 6.98　贵阳本站 25 日 08 时—26 日 23 时的压、温、湿三线图

6.23.2　高空形势

2014 年 12 月 26 日 08 时高空，500 hPa 欧亚中高纬地区为“两槽两脊”型，中低纬气流较平直，高原上有短波槽东移影响贵州；700 hPa 贵州受西南气流控制，切变线位于四川东北—西南部；850 hPa 为高压后部偏南气流影响，贵州南部有暖切维持，贵阳为东南风 6 m/s。700 hPa 与 850 hPa 温度露点差均小于 1 ℃。探空图显示，贵阳上空气层稳定，SI＝17.84 ℃，K＝13 ℃；700 hPa 以下湿度大，以上湿度小，中低云，低层 808～855 hPa 有 2 ℃的逆温层(图 6.99)。

2014 年 12 月 27 日 08 时高空，500 hPa 欧亚中高纬地区维持“两脊一槽”型，中低纬受平直的偏西气流影响，川西高原到四川盆地南部有切变；700 hPa 切变线位于湖南北部到贵州北部，贵州大部受西南气流控制；850 hPa 切变线位于湖南中南部到贵州东南部，贵州大部受东北气流控制，贵阳为东北风 8 m/s。探空图显示，贵阳上空气层稳定，SI＝21.7 ℃，K＝6 ℃；700 hPa 与 850 hPa 温度露点差均小于 1 ℃，579 hPa 以下中低层湿度大，以上湿度小，中低云，717～799 hPa 有 2 ℃的逆温层结(图 6.100)。

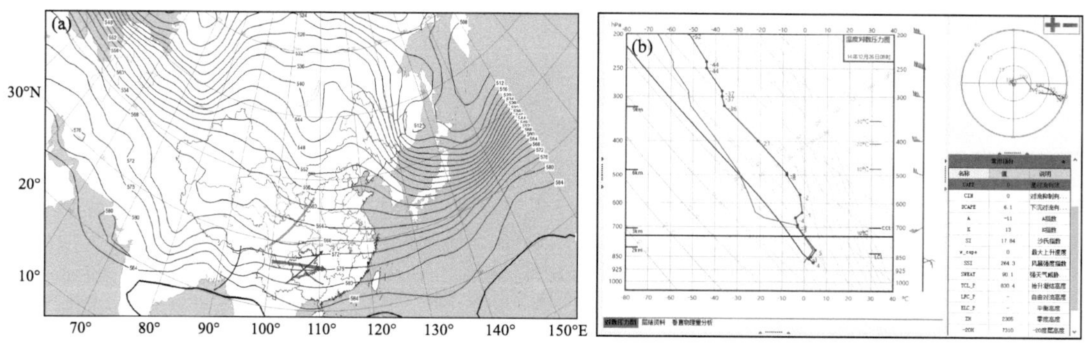

图 6.99 2014 年 12 月 26 日 08 时 500 hPa 高度场及影响系统配置(a)和贵阳探空图(b)

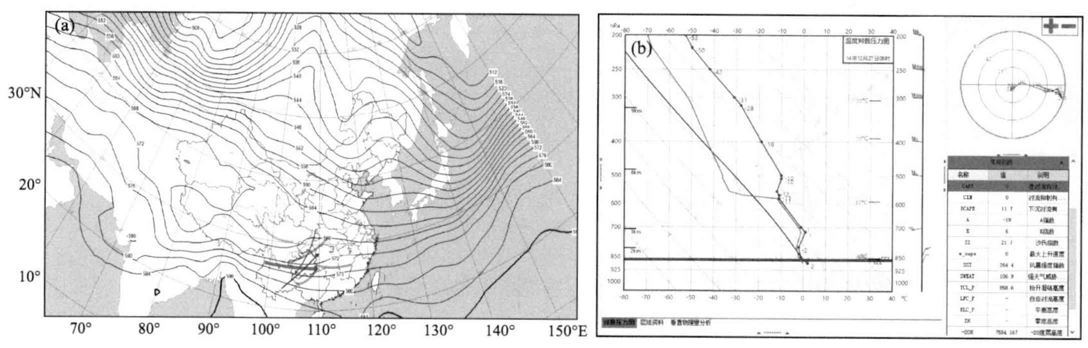

图 6.100 2014 年 12 月 27 日 08 时 500 hPa 高度场及影响系统配置(a)和贵阳探空图(b)

6.23.3 小结

本次持续两天的中度污染是受地面冷高压及中低空切变系统影响下，维持稳定的阴天、并有轻雾出现，中低层湿度较大，存在低空 2 ℃的逆温层结，大气层结稳定的背景下发生的。

6.24 个例 24——2015 年 1 月 16 日(AQI 163 中度污染)

6.24.1 地面形势

2015 年 1 月 16 日 08 时地面，欧亚大陆受庞大的冷高压控制，高压中心位于贝加尔湖以南地区，中心气压值为 1050.3 hPa，华北—秦岭以北为强冷锋，川滇黔之间存在静止锋，贵阳站气压 1027.7 hPa，贵州境内气压差最大仅 3 hPa，贵州多受高压底部偏东气流影响，贵阳本站为东北风 1 m/s。贵州西部为阴雨天气，其余大部为阴间多云天气，贵阳有轻雾，08 时能见度为 5000 m(图 6.101)。

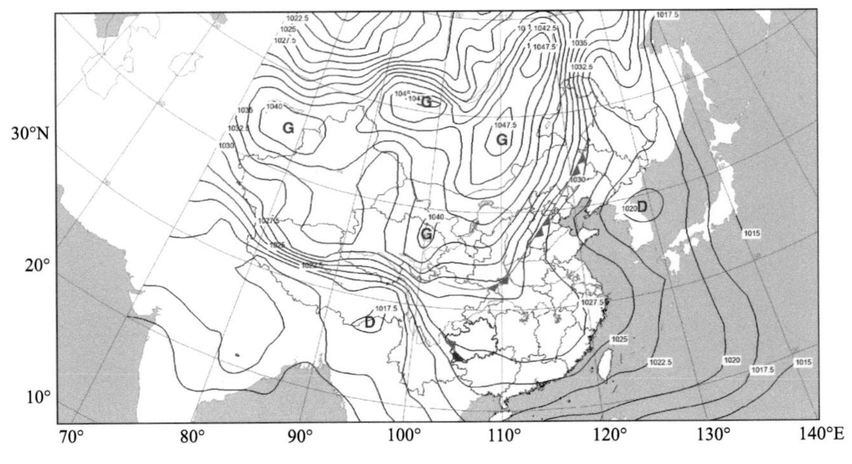

图 6.101　2015 年 1 月 16 日 08 时地面图

从贵阳本站 15 日 08 时—17 日 08 时(发生前、中、后期共 48 h)的压、温、湿三线图显示(图 6.102)：

气压：15 日 17 时—16 日 11 时气压上升，气压差＋7 hPa，其余时段气压变幅不明显，为正常的日变化；

温度：气温变幅小，为正常的日变化特征，变温幅度在 5.5 ℃以内；

湿度：发生前的夜间 15 日 23 时—16 日 08 时温度露点差较小，在 1.5～2 ℃，其余时段均大于 2 ℃；最大为 16 日 14 时 6.5 ℃。

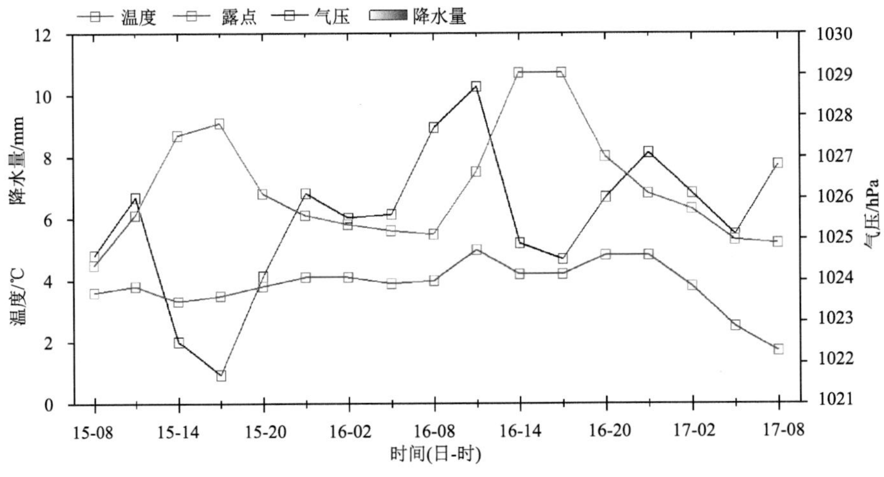

图 6.102　贵阳本站 15 日 08 时—17 日 08 时的压、温、湿三线图

6.24.2　高空形势

2015 年 1 月 16 日 08 时高空，500 hPa 欧亚中高纬地区为“两槽一脊”型，经向度大，中低纬气流平直，贵州受偏西气流控制；700 hPa 受弱的高压脊控制，四川东部到南部有切变线；850 hPa 受高压底部东北气流控制；700 hPa 与 850 hPa 温度露点差均为 1 ℃。探空图显示，

贵阳上空气层稳定，SI＝14.84 ℃，K＝15 ℃，无逆温层；湿层从近地层至700 hPa，中低云（图6.103）。

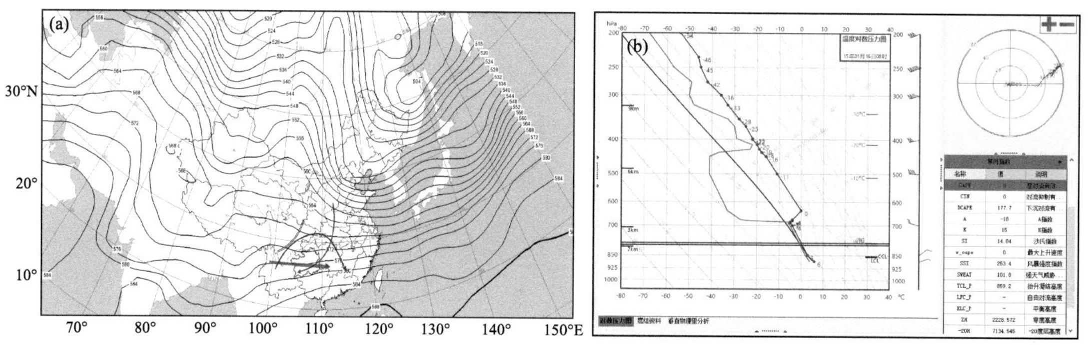

图6.103　2015年1月16日08时500 hPa高度场及影响系统配置(a)和贵阳探空图(b)

6.24.3　小结

本次中度污染是在高空为平直的偏西气流，中低层为弱高压脊、高压环流，地面为高压底部均压场，无逆温层结，中低层湿度大，大气层结稳定情况下发生的。贵州中东部为阴天间多云的天气，贵阳有轻雾。

参考文献

陈默涵,何腾兵,黄会前,2016.贵州地形地貌对土壤类型及分布的影响[J].贵州大学学报(自然科学版),33(5):14-16,35.

段旭,李英,许美玲,等,2004.低纬高原地区中尺度天气分析与预报[M].北京:气象出版社:129.

高正旭,王晓玲,向华,等,2018.武汉市2014—2017年大气污染物分布特征及其潜在来源分析[J].环境科学学报,38(11):4440-4453.

刘开宇,2006.贵阳机场雾的研究与数值模拟[D].北京:北京大学.

王闯,王帅,杨碧波,等,2015.气象条件对沈阳市环境空气臭氧浓度影响研究[J].中国环境监测,31(3):32-37.

王涛,陈梦平,周梦翩,等,2015.无锡市区大气污染物污染特征及影响因素研究[J].环境污染与防治,37(12):74-78.

魏凤英,1999.现代气候统计诊断预测技术[M].北京:气象出版社:43-46.

吴战平,左立芳,等,2017.贵州最佳避寒地——罗甸旅游气候资源[M].贵阳:贵州科技出版社.

严晓瑜,缑晓辉,刘玉兰,等,2015.银川市大气污染物浓度变化特征及其与气象条件的关系[J].气象与环境学报,31(2):21-30.

殷红梅,安裕伦,2018.贵州地理[M].北京:北京师范大学出版社.

于彩霞,邓学良,石春娥,等,2018.降水和风对大气 $PM_{2.5}$、PM_{10} 的清除作用分析[J].环境科学学报,38(12):4620-4629.

于俊伟,吴战平,高秋沙,2010.贵州的夜雨特征[J].贵州气象,34(2):13-14.

于洲,刘寿东,王咏薇,等,2016.杭州市2014年城区大气污染物浓度变化特征观测分析[J].科学技术与工程,16(16):95-104.

曾强,李国星,张磊,等,2015.大气污染对健康影响的疾病负担研究进展[J].环境与健康杂志,32(1):85-90.

张敏,朱彬,王东东,等,2009.南京北郊冬季大气 SO_2、NO_2 和 O_3 的变化特征[J].大气科学学报,32(5):695-702.

张文静,胡琳,吴素良,等,2013.降水对西安市大气污染物质量浓度影响分析[J].陕西气象(1):18-21.

张云,肖钟湧,2016.云南省气溶胶光学厚度时空变化特征的遥感研究[J].中国环境监测,32(2):127-133.

赵振国,1999.中国夏季旱涝及环境场[M].北京:气象出版社:45-47.

朱常琳,李夏清,李富渊,2017.西安市主要大气污染物浓度变化特征及相关特性分析[J].环境工程,35(11):104-109.

BELIS C A, CANCELINHA J, DUANE M, et al, 2011. Sources for PM air pollution in the Po Plain, Italy: I. Critical comparison of methods for estimating biomass burning contributions to benzo(a)pyrene[J]. Atmospheric Environment, 45(39):7266-7275.

BI X H, FENG Y C, WU J H, et al, 2007. Source apportionment of PM_{10} in six cities of Northern China[J]. Atmospheric Environment, 4l(5): 903-912.

GROSJEAN D, SEINFELD J H, 1989. Parameterization of the formation potential of secondary organic aerosols[J]. Atmospheric Environment, 23(8):1733-1747.

HE J, GONG S, YU Y, et al, 2017. Air pollution characteristics and their relation to meteorological conditions during 2014—2015 in major Chinese cities[J]. Environmental Pollution,223:484-496.

JUNNINEN H, MØNSTER J, REY M, et al, 2009. Quantifying the impact of residential heating on the urban air quality in a typical European coal combustion region[J]. Environmental Science and Technology, 43(20): 7964-7970.

LARSEN B R, GILARDONI S, STENSTRÖM K, et al, 2012. Sources for PM air pollution in the Po Plain, Italy: II. Probabilistic uncertainty characterization and sensitivity analysis of secondary and primary sources [J]. Atmospheric Environment, 50:203-213.

MUNCHAK L A, LEVY R C, MATTOO S, et al, 2013. MODIS 3 km aerosol product: Applications over land in an urban/suburban region [J]. Atmospheric Measurement Techniques, 6(1): 1683-1716.

PANDOIFI M M, VIANA M C, MINGUILLON, et al, 2008. Receptor models application to multi-year ambient PM_{10} measurements in an industrialized ceramic area:Comparison of source apportionment results[J]. Atmospheric Environment, 42(40): 9007-9017.

SCHAUER J J, ROGGE W F, HILDEMANN L M, et al, 1996. Source apportionment of airborne particulate matter using organic compounds as tracers[J]. Atmospheric Environment, 30(22):3837-3855.

SHELDON K F, 1973. Chemical element balances and identification of air pollution sources[J]. Environmental Science and Technology, 7(3):235-240.

SHI G K, LI X, FENG Y C, et al, 2009a. Combined source apportionment, using Positive matrix factorization-chemical mass balance and principal component analysis/multiplelinear regression-chemical mass balance models[J]. Atmospheric Environment, 43: 2929-2937.

SHI G L, LI X, WU T, et al, 2009b. Effects of unknown source on the collinearity problem in CMB Model [R]. Salt Lake City, UT, America: 237th ACS National Meeting.

US Environmental Protection Agency, 2005. EPA-CMB 8 Users' Manual [M]. NC: US EPA,Office of Air Quality Planning and Standards Research Triangle Park.

WATSON J G, CHEN L W A, CHOW J C, et al, 2008. Source apportionment: Findings from the U. S. supersites program[J]. Journal of the Air and Waste Management Association, 58(2): 265-288.